時短でおいしい、
ワンコも飼い主も HAPPY な健康生活

作り置きで簡単！
犬の健康ごはん

監修：須﨑 恭彦

獣医学博士・須﨑動物病院院長

マイナビ

手作りごはんのメリットは
病気になりにくい体
を作ること

犬の健康な体を作るためには、毎日の食事が肝心。市販のフードが悪いわけではありませんが、手作りごはんなら愛犬の体質や年齢に合わせて調整したり、体調に合わせて、材料を変えたりすることができます。もちろん、手作りごはんだからといって絶対に病気にならないわけではありません。しかし、市販のフードだけでは不十分な要素を補うことで、病気になりにくく、健康で丈夫な体が作れるのです。そうはいっても、仕事に家事、育児……と忙しい日々の中で愛犬のごはんを作り続けることは、飼い主さんにとってなかなかの負担。栄養バランスのいいごはんを作っても、飼い主さんに笑顔がなくては、犬にとっていい影響を与えません。そこで活用するのが、冷凍できる作り置きごはんです。毎日、頑張ることは難しいけれど、月に1、2回だけまとめて作ってストックしておけば、ほかの日はレンジ加熱だけでOK。自分で作るので食材や工程を確認でき、アレルギーがあったり、食事療法が必要だったりする犬でも安心です。

健康にいい 3 つの理由

スープや野菜から

1. 水分がたっぷりとれる

犬が1日に必要な水の摂取量は5kgの成犬で約370㎖。ドライフードの水分量は10%未満のため、犬は自分で足りない分の水を飲む必要があります。しかし、夏の暑い季節やのどの渇きに鈍感な犬の場合、慢性的な水分不足になりがちに……。手作りごはんには水分量が50〜60%もあるので、食事からしっかりと水分を摂取することができます。

2. 老廃物をしっかり排出

排泄トラブルを解決して

水分や毒素の排出を促す栄養素が足りないと、老廃物の排出がうまくできず、尿が少なかったり、便秘になったりします。すると体内に老廃物が溜まり、内臓に負荷がかかったり、皮膚に炎症が起きたりしてしまうのです。デトックス効果のある食材を食べることで体内をクリーンに保ち、病気になりにくい体を作ることが大切です。

体の調子が悪いときは

3. 体調に合わせたレシピ

その日の犬の様子を見ながら与えられるのも手作りごはんの強みです。胃が弱っているときには胃にやさしい食材を使ったレシピ、貧血ぎみのときには血を作る効果のある食材を使ったレシピにすることができます。また、おやつを食べすぎたときは、カサはあるけれど低カロリーなレシピにすることでストレスなく肥満を防ぐことができます。

時間がない
仕事で疲れた

毎日
ごはんを作るの
はしんどい……
だから

冷凍作り置き
でラクラク犬のごはん

CONTENTS

CHAPTER. 3　水分たっぷり
汁物レシピ

CHAPTER. 4　食べ応え十分
満足レシピ

CHAPTER. 5　不調を整える
健康レシピ

CHAPTER. 6　ワンコも夢中
ご褒美レシピ

CHAPTER 1 手作りごはんの基本

愛犬のためにごはんを手作りすることは、慣れていない人にとってはハードルが高いと感じてしまうかもしれません。実は、愛犬の食事も私たち人間の食事と基本は同じです。3つのポイントをしっかり押さえておけば簡単に作れるのです。

POINT 1 バランスよく食材を与えよう P8

犬は私たちが思っているよりも多くの食材を食べることができます。NG食材（P16〜17）に注意しながら、栄養が偏らないようにいろいろな食材を食べさせましょう。毎日栄養バランスに神経質になる必要はありません。「今日は肉が多かったから明日は野菜を多めに」ぐらいのスタンスで大丈夫です。

POINT 2 食事の量を計算しよう P18

犬も人間と同じく、ごはんを食べすぎれば肥満になり、少なければ栄養不足になります。犬は種類や年齢によって体のサイズが大きく変わり、食べる量も違います。ドッグフードには規定の量が記載されていますが、手作りごはんでは、飼い主が適切な量をしっかりと把握しなくてはいけません。P18〜21を確認して自分の愛犬にとって適切な量を知りましょう。

POINT 3 作り置きを取り入れよう P22

人間のごはんも犬のごはんも、毎日きちんと手作りするのは大変。特に犬のごはんは1食分が少量なので、より手間がかかります。そんなときに便利なのが、作り置きです。時間があるときに多めに作り、小分けに保存しておきましょう。手作りごはんでもっともNGなことは、飼い主がごはんを作ることにストレスを感じてしまうことです。愛犬の好みを探しながら、気軽に楽しく作りましょう。

● バランスよく食材を与えよう ●

犬のごはんの食材は、大きく「肉・魚」「穀物」「野菜」「油脂」「風味づけ」の５つに分けられます。たんぱく質の豊富な「肉・魚」を中心に、栄養価の高い「野菜」や満腹感を得られる「穀物」を組み合わせましょう。犬ははじめての食材に警戒することがありますが、慣れると食べてくれるようになります。いろいろな食材を試してみましょう。

食 材 早 見 表

体重5kgの成犬を対象にした１日分の食材の種類と量の目安です。
この割合からはじめて、犬の体型に合わせて調整しましょう。
※体重5kg以上の成犬の場合は「体重別換算指数表」（P19）を参考にして計算しましょう。

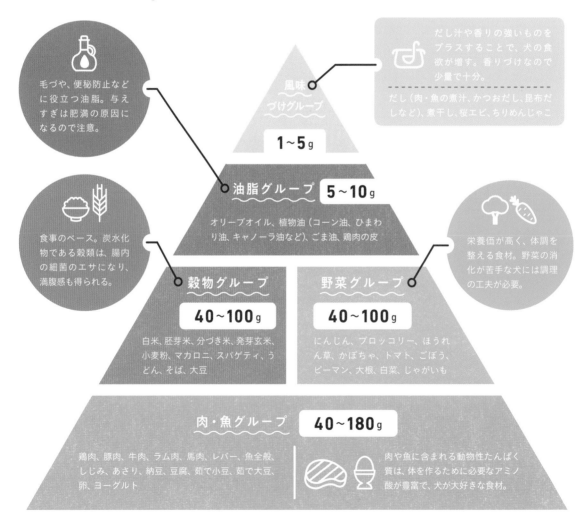

毛づやや、便秘防止などに役立つ油脂。与えすぎは肥満の原因になるので注意。

だし汁や香りの強いものをプラスすることで、犬の食欲が増す。香りづけなので少量で十分。
だし（肉・魚の煮汁、かつおだし、昆布だしなど）、煮干し、桜エビ、ちりめんじゃこ

食事のベース。炭水化物である穀類は、腸内の細菌のエサになり、満腹感も得られる。

栄養価が高く、体調を整える食材。野菜の消化が苦手な犬には調理の工夫が必要。

風味
づけグループ
1〜5g

油脂グループ　**5〜10**g
オリーブオイル、植物油（コーン油、ひまわり油、キャノーラ油など）、ごま油、鶏肉の皮

穀物グループ
40〜100g
白米、胚芽米、分づき米、発芽玄米、小麦粉、マカロニ、スパゲティ、うどん、そば、大豆

野菜グループ
40〜100g
にんじん、ブロッコリー、ほうれん草、かぼちゃ、トマト、ごぼう、ピーマン、大根、白菜、じゃがいも

肉・魚グループ　**40〜180**g
鶏肉、豚肉、牛肉、ラム肉、馬肉、レバー、魚全般、しじみ、あさり、納豆、豆腐、茹で小豆、茹で大豆、卵、ヨーグルト

肉や魚に含まれる動物性たんぱく質は、体を作るために必要なアミノ酸が豊富で、犬が大好きな食材。

〈須﨑恭彦考案〉

肉・魚グループ

体を作る動物性たんぱく質が豊富です。犬がもっとも好む食材ですが、肥満の原因となるため与えすぎに注意。

牛肉

丈夫な骨や筋肉を作るのに欠かせない良質なたんぱく質や、血を作る鉄分が豊富。ナトリウムやカリウムなどのミネラル類も多い。

豚肉

糖質の分解を助け、エネルギーに変換するビタミンB_1が豊富。寄生虫がいるおそれがあるので、しっかり加熱処理をしよう。

鶏肉

ほかの肉類にくらべて消化がよくヘルシー。特にササミは高たんぱくで低脂肪。肥満の場合は、油脂の多い鶏皮を取って使おう。

羊肉

低カロリーで脂肪燃焼を促進するL-カルニチンが含まれる。必須アミノ酸やビタミン類が豊富で、免疫力を高める効果も。

鹿肉

高たんぱく質で、低脂肪な肉質が特徴。ヘム鉄が豊富で、ミネラル類もバランスよく含まれており、滋養強壮の食材としても期待できる。

レバー

主に牛や豚、鶏の肝臓の部位。鉄分や皮膚や粘膜を守るビタミンAが豊富。香りが強く犬が好みやすい食材。必ず加熱処理をして与える。

サケ

消化によく低脂肪。良たんぱく質や脂肪酸が豊富。塩ジャケやフレークは塩分が高いので、必ず味つけされていないものを与えよう。

サンマ

抗酸化作用のあるDHAやEPAのほか、ビタミン類も豊富で栄養価の高い食材。小骨が多いので犬に与える際には十分注意が必要。

タラ

低カロリーで必須アミノ酸が豊富。ミネラル類が多く、運動量の多い犬におすすめ。味つけされていないものを選ぼう。

サバ

カルシウムやタウリン、オメガ3脂肪酸などが豊富。缶詰を使うと便利。塩サバやみそ煮など、味つけされているものはNGなので水煮缶を選ぼう。

エビ

犬は甲殻類を消化しにくいとされているが、実際には食べることができ、ヘルシーなたんぱく源となる。必ず加熱してから与えよう。

ホタテ

ビタミン類やタウリンが豊富で疲労回復に効果的。貝殻は危険なので身だけを取り外し、細かく切ってから与えよう。

卵

栄養価が非常に高い食材。ただし、体質によってはアレルギーの原因になるので注意。加熱処理をしてから与えよう。

与えてもよいその他の食品

- ☑馬肉
- ☑マグロ
- ☑ブリ
- ☑イワシ
- ☑猪肉
- ☑カツオ
- ☑アジ

野菜 グループ

栄養価が高く、犬の健康の維持には欠かせません。香りや食感がさまざまで、犬の好き嫌いが出やすい食材です。

キャベツ

野菜類でもっとも多くのビタミンUを含み、胃や十二指腸を整えるはたらきがある。やわらかい葉の部分をきざんで与えよう。

小松菜

ほうれん草の約3.5倍のカルシウムを含むほか、抗酸化力のあるビタミンCやβ-カロテンも豊富。アクが少なく食べやすいのが特徴。

セロリ

水溶性食物繊維と不溶性食物繊維の2種類の食物繊維を含み、腸内環境を改善する。シャキッとした食感を好む犬も多い。

白菜

腎機能を高め、老廃物を排出するカリウムが豊富。胃腸を整えることで便秘を解消する。また、皮膚の炎症を改善する。

ブロッコリー

ビタミンCの含有量が野菜の中でもトップクラス。筋肉や皮膚、骨や歯を強化し、免疫機能をサポートする。塩は使わずに茹でる。

ほうれん草

鉄分や鉄の吸収を助けるビタミンCが豊富。結石の原因となるシュウ酸を含むため、必ず下茹でして与えるようにする。

もやし

約95%が水分のため、水分補給やダイエットのかさましなどにおすすめ。食物繊維やカリウム、ビタミンCなども含む。

かぼちゃ

β-カロテンやビタミンCやビタミンEが豊富。また、血行を促進し、体を温める効果がある。加熱すると甘みが出て、犬も好む野菜。

きゅうり

きゅうりは約95%が水分とされており、水分摂取に効果的な食材。低カロリーなうえ、歯ごたえがよく、好む犬が多い。

とうもろこし

便秘の解消に効果的な食物繊維のほか、葉酸などのビタミン類やミネラル類が豊富。消化しやすいように加熱してから与えよう。

トマト

抗酸化力を持つリコピンが豊富。また、ビタミンCやβ-カロテンも含み、肌や粘膜を保護する。青いものは有毒なので注意が必要。

冬瓜

ビタミンCやカリウムのほか、水分量が多く水分不足になりやすい犬にうってつけの食材。種は必ず取り除くようにする。

なす

利尿作用があり、体内の毒素を排出する効果がある。皮にポリフェノールの一種であるナスニンが含まれ、強い抗酸化力がある。

パプリカ

黄はビタミン類が豊富で、赤には抗酸化作用があるカプサンチンが含まれている。ピーマンより肉厚で甘みがあるのが特徴。

ピーマン

毛細血管を丈夫にするビタミンPや、血中コレステロールを減らすクロロフィル、強い抗酸化作用を持つカプサンチンを含む。

与えてもよいその他の食品

- ☑ アスパラ
- ☑ カリフラワー
- ☑ ズッキーニ
- ☑ ミント
- ☑ インゲン
- ☑ 里いも
- ☑ パセリ

※きのこ類は必ず加熱し、生では与えないようにしてください。

さつまいも

腸内環境を整える食物繊維が豊富。皮にアントシアニンやクロロゲン酸などが含まれている。加熱すると甘くなり、おやつにぴったりの食材。

じゃがいも

でんぷん質が豊富で、犬でも消化しやすい炭水化物。加熱して小さく切ってから与えよう。マッシュポテトにしてもOK。

かぶ

消化酵素の一種であるアミラーゼが豊富。消化機能のはたらきを助け、胃もたれや胸やけなどを解消する効果がある。

ごぼう

不溶性食物繊維が豊富で、便秘を解消する効果がある。水溶性食物繊維のイヌリンも多く、腎機能を高めて利尿作用を促す。

大根

低カロリーで水分が多いのが特徴。ペルオキシダーゼやジアスターゼなどの消化酵素が豊富で、胃腸を整え消化を促進する。

にんじん

β-カロテンの含有量が野菜の中で飛び抜けて多い食材。β-カロテンは、体内でビタミンAに変換され、皮膚や粘膜を保護するはたらきがある。

レンコン

抗酸化作用のあるビタミンCが豊富。脂質の酸化を防止し、動脈硬化や糖尿病などの生活習慣病の予防にも役立つ。

エリンギ

きのこ類の中でもトップクラスの食物繊維の含有量を誇る食材。また、エネルギーを生産するアスパラギン酸を含む。

えのき

ビタミンB群を多く含む。特にビタミンB_1が多く、糖質の代謝を促進するほか、疲労回復にも効果がある。

しいたけ

食物繊維が豊富で便秘解消に効果的。水分代謝を促すカリウムを含み、むくみを改善するはたらきがある。加熱し、細かく切ってから与えよう。

ぶなしめじ

栄養価が高く、カルシウムの吸収を助けるビタミンDのほかにも、鉄分やカリウムなどのミネラル類、食物繊維が豊富。

まいたけ

代謝をサポートするナイアシンが豊富で、皮膚や粘膜を保つ効果もある。また、脂肪燃焼を促進するキノコキトサンを含んでいるのが特徴。

イチゴ

ビタミンCの含有量が多く、風邪の予防に効果的。赤い色素はアントシアニンというポリフェノールで、抗酸化作用がある。

リンゴ

ビタミンCやカリウム、食物繊維が豊富。また、さわやかな香りで、嗅覚が衰えてきた老犬の食欲や飲水の意欲を刺激する。

梨

疲労回復効果のあるカリウムと、クエン酸が豊富。甘み成分のソルビトールはのどの炎症を抑え、空気が乾燥する時期に効果的。

穀類 グループ

食事のベースとなる食材。犬にとって必須な栄養素ではありませんが、満腹感を得るほか、腸内細菌のエサになります。

白米

白米はエネルギー源になる糖質を多く含む。必ず炊いてから与えよう。やわらかく煮込むことで、消化がしやすくなる。

玄米

白米よりも食物繊維が豊富。ただし、消化に時間がかかるため、炊いた後にやわらかく煮込むか、細かくつぶしてから与えよう。

小麦

フードの材料にも使われる食材。ケーキやパンを作ることができる。アレルギー体質の犬もいるので、様子を見ながら与えよう。

大豆

食物繊維が豊富な食材。生のままだと消化しにくいため、よく煮てから細かくきざんだり、ペースト状にしたりしよう。

パン

食パンなどシンプルなパンは犬に与えてもOKな食材。ただし、人間用に味つけされた菓子パンや惣菜パンはNGなので、与えないようにしよう。

パスタ

エネルギー源になる糖質が豊富。白米にくらべて食物繊維が多い。塩分を抑えるために、茹でるときの塩は少なめに。

うどん

消化によい食材のため、消化器官が弱っているときや、食欲が低下したときにおすすめ。老犬には、よく煮込んでやわらかくしてから与えよう。

そば

抗酸化作用のある「ルチン」が多く含まれている。アレルギー体質の場合もあるので、初めは様子を見ながら与えよう。

POINT

穀物はよく煮てから与える

「犬は炭水化物を消化できない」という情報がありますが、生米でなければ、きちんと消化吸収ができます。しかし、犬の中には穀物の消化が苦手な体質の子もいます。様子を見ながら量を調整し、しっかり煮込んだり、ふやかしたりしてやわらかくして与えましょう。

POINT

麺類は細かく切る

犬は長いものを上手にかみ切ることができず、一気に飲み込んでのどを詰まらせてしまうおそれがあります。パスタやうどん、そばなどの麺類は、キッチンバサミなどで短く切ってから与えましょう。ショートパスタを使うのもおすすめです。

与えてもよいその他の食品

- ☑ あわ
- ☑ 大麦
- ☑ キヌア
- ☑ ひえ
- ☑ はとむぎ
- ☑ オートミール
- ☑ 餅
- ☑ 黒豆

加工食品
グループ

基本的に人間用の食べ物は、犬にとってカロリーや塩分、糖分が多すぎます。しかし、一部の加工食品は犬の健康維持にも効果的で、料理の材料にも使用できるので上手に活用しましょう。

豆腐

豆腐は原材料の大豆よりも、消化しやすい食品。また、高たんぱく質、低カロリーで、動脈硬化予防が期待できるイソフラボンが豊富。

納豆

5大栄養素のたんぱく質、脂質、炭水化物、ビタミン、ミネラルが含まれる。独特な香りが食欲をそそるため、好きな犬も多い食品。

きな粉

大豆を粉末状にした食材。便通を解消する食物繊維や大豆オリゴ糖が豊富。肥満が気になる場合は無糖のものを選ぼう。

豆乳

大豆の栄養素が凝縮された食材。植物性たんぱく質や、ビタミンB群、ミネラル、食物繊維、利尿作用のあるサポニンが豊富。

ヨーグルト

整腸作用のある乳酸菌が豊富で、便秘や下痢を解消する効果がある。必ず無糖のものを与えるようにしよう。

はちみつ

甘みがあり犬も大好物。ただし、糖分が多く含まれるため、与えすぎには注意。また、哺乳期の犬には与えないようにしよう。

寒天

食物繊維が豊富な食材。水分補給にも最適で、低カロリーなため、満腹感を得ることができる。ダイエットにも効果的。

春雨

緑豆やじゃがいもやさつまいもなどのでんぷんを原料とする乾燥食品。スープなど犬の水分摂取に役立つ料理に最適。

牛乳

カルシウムなどの栄養が豊富。犬が分解できない乳糖が含まれているが、基本的に少量なら問題ない。犬の体質や様子を見ながら与えよう。

チーズ

カルシウムや乳酸菌が豊富で、香りが強いため犬の食欲増進に効果的。しかし、カロリーも高いので、与えすぎには注意が必要。

みそ

必須アミノ酸のほか、ビタミン、カルシウムなどのミネラルが豊富。塩分が高いため、少量をごはんの香りづけとして使おう。

焼きのり

ミネラル類が豊富で香りがよく、好む犬も多い。大きいサイズだとのどにはりつく可能性があるので、必ずきざんでから与える。

与えてもよいその他の食品

- ✓おから
- ✓片栗粉
- ✓ココナッツミルク
- ✓ゼラチン
- ✓おふ
- ✓葛
- ✓酒粕
- ✓ひじき

油脂

与えすぎには注意が必要ですが、少量であれば、毛づやや皮膚を整えたり、便秘を防止したりします。炒め料理などに使用できます。

オリーブオイル

不飽和脂肪酸が豊富で、コレステロール値を抑える効果がある。また抗酸化作用のあるポリフェノールも多く含まれる。

ごま油

リノール酸が多く含まれ、コレステロール値を抑え、高血圧予防の効果が期待できる。香りが強く、食欲増進にも効果的なはたらきがある。

ココナッツオイル

脂肪の燃焼を促す中鎖脂肪酸が含まれるため、ダイエットにもおすすめ。また、善玉コレステロールを増やす作用もある。

風味

犬の食欲を刺激する香りのある食材。ごはんへの食いつきが悪いときに混ぜると効果的です。

カツオ節

栄養価が高く香りがよい。ごはんにかけたり、粉末にして混ぜたりすることで香りづけの効果もある。無塩のものを選ぼう。

昆布

ミネラル豊富な食材で、特に甲状腺のはたらきを整えるヨウ素が豊富。かたいので、粉末にするか、やわらかく煮てちぎって与える。

干ししいたけ

食物繊維やミネラルを多く含み、便秘解消に有効。干ししいたけを戻したときの戻し汁は、そのまま香りづけにも使えるので便利。

煮干し

カルシウムやマグネシウムなどのミネラル類や、DHA、EPAが豊富。塩分が気になる場合は塩無添加のものを与えよう。

シラス

ミネラル類やカルシウムが豊富な食材。加工されたシラス干しは塩分が高いため、生のシラス、もしくは塩無添加がおすすめ。

桜エビ

DHAやEPAが豊富。干しエビを丸ごと食べることで、カルシウムも摂取できる。消化が不安な場合は、細かくしてから与えよう。

酢

疲労回復効果のあるクエン酸や腸内環境を整える醋酸が豊富。果物酢など種類が多くあるので、犬の好きな風味を探してみよう。

POINT

ちぎったりスープに入れたりしよう

かたい乾物は細かくちぎったり、煮てやわらかくしたりしましょう。煮汁やスープを飲ませると不足しがちな水分摂取ができます。粉末状にしてふりかけにするのもおすすめです。

だし汁をストックしよう！

犬の食欲をそそる香りが強いだし汁は、犬の大好物のひとつです。
ただし、市販の顆粒だしには、味つけのための塩分が含まれており、
犬に大量に与えるのはおすすめできません。カツオや昆布、
煮干しからとっただし汁であれば、塩分量が少なく、安心です。

犬にとってうれしい2つのポイント

＼ 風味づけ ／

犬は味覚ではなく嗅覚でごはんを味わ
います。犬に食欲がないときや、苦手な
食材を食べさせるときには、だし汁をか
けて犬の好きな香りをつけてあげると、
喜んで食べることがあります。好みの香
りを探してあげましょう。

＼ 水分補給 ／

だし汁は水分補給としても有能です。
ごはんにかけて水分を足したり、そのま
ま水の代わりに飲ませたりできます。暑
く水分不足になりがちな夏には、製氷
皿で凍らせたキューブ型のだし汁をなめ
させるのもいいでしょう。

水出しの だし汁を作ろう

だしの素材となる食材を水に浸けておくだけで、
簡単にだし汁が作れます。いろいろな素材を
試して、犬の好きな香りを見つけましょう。

材料

水……………………………………1ℓ
好みの素材
（カツオ節、昆布、煮干しなど）……20g

作り方

1 消毒した容器に素材を入れ、
水を注ぐ。

2 冷蔵庫に入れて一晩置く。

※犬の好みに合わせて、水や素材の量を
調節してください。

カツオ節　昆布　煮干し

NG食材

人にとっては問題のない食べ物でも、犬にとっては健康を害したり、危険だったりする場合があります。うっかり与えてしまわないように、飼い主が注意しましょう。

危険度3 チョコレート

「テオブロミン」という犬にとって有害な成分が含まれており、下痢や嘔吐のほか、重症化するとショック状態に陥る。急性心不全を起こし、死亡することもあるため、犬が欲しがっても絶対に与えないように。

危険度3 カフェイン

「カフェイン」は犬にとって有毒。少量でもカフェイン中毒を引き起こす可能性があり、不整脈、痙攣、興奮、うっ血や出血などを起こす。紅茶や緑茶、ココアなどにも含まれているため注意が必要。

コーヒー／紅茶／緑茶／抹茶／ココア／コーラなど

危険度3 ネギ類

「n-プロピルジスルフィド」という、犬の体内赤血球を破壊する成分が含まれている。食べてしまうと溶血性貧血になり、呼吸困難や衰弱、嘔吐を引き起こす。摂取量が多いと死に至るケースもある。

長ネギ／玉ネギ／にら／らっきょうなど

「n-プロピルジスルフィド」は加熱しても破壊されず、煮汁やスープにも含まれるので注意してワン

危険度3 アボカド

「森のバター」と呼ばれ栄養価の高い食材だが、「ペルシン」という犬にとって有毒な成分が含まれている。下痢や嘔吐などの症状のほか、呼吸困難、痙攣などを起こすこともある。

危険度3 マカデミアナッツ

ナッツ類は犬にとって消化しにくい食材だが、少量であれば問題ない。しかし、マカデミアナッツは強い中毒を引き起こすため、絶対に与えないように。症状として筋肉の硬直、痙攣、下痢や嘔吐、発熱などがある。

危険度3 アルコール

犬はアルコールを分解する酵素を持たないため、中毒症状を起こす可能性がある。症状は嘔吐や昏睡、心肺機能への悪影響などで、重症化すると命に関わることも。特に小型犬は少量でも症状が出るので注意が必要。

危険度3 ぶどう

基本的に犬は果物を食べても問題ないが、ぶどうやレーズンなどは「ぶどう中毒」を引き起こすため、絶対に与えないようにしよう。症状は嘔吐のほか下痢や震え、呼吸速拍などがある。腎臓に機能障害を起こし、死に至る場合もある。

ぶどうの皮／ぶどうジュースなどの加工食品／レーズンなど

NG食材の危険度

危険度 **3**	危険度 **2**	危険度 **1**
強い中毒症状を引き起こす可能性があり、死に至るケースもある。	症状があるが自然治癒によって改善する。 ※摂取量にもよるため注意。	ただちに命の危険はないが、常食することで健康を害する。

※症状は、摂取量や犬の体質によっても異なります。異常があった場合にはただちに動物病院に問い合わせてください。

危険度 2 ナッツ類

マカデミアナッツのように毒性のないナッツ類でも、犬にとっては高カロリーで消化しにくい食べ物。積極的に与えることは避けよう。与える場合には、殻を取り除き、少量を細かく砕いて与えるように。

カシューナッツ／ピスタチオ／ピーナッツ

危険度 2 じゃがいもの芽

「ソラニン」という、神経に作用する毒素が含まれており、吐き気や下痢、めまいなどを引き起こす。人間にとっても有毒なため、積極的に与えることは少ないが、犬が勝手に食べてしまうことがあるので、食材の管理に注意しよう。

危険度 2 香辛料

独特なツンとした香りは、嗅覚の鋭い犬にとって刺激が強いため注意しよう。また、食べてしまうと胃が荒れ、下痢を引き起こすことがある。その場合には、一度、すべてを体外に出し切る必要があるため、下痢止めは使用しないように。

危険度 1 人間用の食べ物

人間用に味つけされたスナックなどのお菓子類や惣菜類、おにぎり、パンなどは犬にとって高カロリーなため、肥満や糖尿病の原因になる。また、塩分過多なため血中の塩分濃度が上がり、高血圧や心臓病にもつながる。

危険度 1 骨類

犬には「骨が好き」というイメージがあるが、鳥や魚などの細い骨や、加熱してもろくなった骨を与えるのは厳禁。尖った破片が口やのどに刺さるほか、飲み込んでしまうと内臓を傷つけるおそれがある。

魚の骨はしっかりとろう!

焼き魚などの骨は犬にとって非常に危険。犬に与えるときには、必ずすべて取り除き、身だけを食べさせよう。フードプロセッサーで骨ごと砕いたり、圧力鍋で骨までやわらかくしたりするのもテクニックのひとつ。

● 食事の量を計算しよう ●

本書のレシピはすべて成犬5kgの1食分の分量になっています。ご家庭の愛犬が成犬5kg以外の場合は、[体重別換算指数表]と[ライフステージ別換算指数表]を確認し、P19の[基本計算式]に当てはめることで、それぞれの犬に適切なレシピの分量がわかります。

STEP 1 犬の体重とライフステージの確認

まずは、犬の「体重」と「ライフステージ」を確認します。ライフステージは犬種によって異なるため、愛犬がどこに当てはまるのかチェックしましょう。

小型犬 1〜10kg

犬種例

キャバリア、シーズー、柴犬、チワワ、トイプードル、ポメラニアン、マルチーズ、ミニチュアダックスフント、パグ、パピヨン、ヨークシャーテリアなど

中型犬 11〜26kg

犬種例

ウィペット、ウェルシュコーギー、バセットハウンド、ビーグル、ブルテリア、フレンチブルドッグ、ボーダーコリー、ボストンテリア、ブルドッグなど

大型犬 27kg以上

犬種例

コリー、ゴールデンレトリーバー、サモエド、シェパード、シベリアンハスキー、スタンダードプードル、ラブラドールレトリーバー、秋田犬など

ライフステージ別換算指数 →

	小型犬	中型犬	大型犬
生後	哺乳期	哺乳期	哺乳期
3週	離乳期	離乳期	離乳期
8週(2ヶ月)	成長期	成長期	成長期
28週(7ヶ月)	成長期	成長期	成長期
36週(9ヶ月)	成長期	成長期	成長期
1年	成犬期	成長期	成長期
1年4ヶ月	成犬期	成犬期	成長期
1年8ヶ月	成犬期	成犬期	成犬期
5年	成犬期	成犬期	成犬期
7年	成犬期	成犬期	老犬期
8年	成犬期	老犬期	老犬期
9年以降	老犬期	老犬期	老犬期

ライフステージ	換算指数
離乳期	2
成長期	1.5
成犬期	1
老犬期	0.8

【 体重別換算指数表 】

小型犬

体重(kg)	換算率
1	0.3
2	0.5
3	0.7
4	0.8
5	1.0
6	1.1
7	1.3
8	1.4
9	1.6
10	1.7

中型犬

体重(kg)	換算率
11	1.8
12	1.9
13	2.0
14	2.2
15	2.3
16	2.4
17	2.5
18	2.6
19	2.7
20	2.8
21	2.9
22	3.0
23	3.1
24	3.2
25	3.3
26	3.4

大型犬

体重(kg)	換算率	体重(kg)	換算率
27	3.5	59	6.4
28	3.6	60	6.4
29	3.7	61	6.5
30	3.8	62	6.6
31	3.9	63	6.7
32	4.0	64	6.8
33	4.1	65	6.8
34	4.2	66	6.9
35	4.3	67	7.0
36	4.4	68	7.1
37	4.5	69	7.2
38	4.6	70	7.2
39	4.7	71	7.3
40	4.8	72	7.4
41	4.8	73	7.5
42	4.9	74	7.5
43	5.0	75	7.6
44	5.1	76	7.7
45	5.2	77	7.8
46	5.3	78	7.8
47	5.4	79	7.9
48	5.5	80	8.0
49	5.5	81	8.1
50	5.6	82	8.1
51	5.7	83	8.2
52	5.8	84	8.3
53	5.9	85	8.4
54	6.0	86	8.4
55	6.0	07	8.5
56	6.1	88	8.6
57	6.2	89	8.7
58	6.3	90	8.7

STEP 2 計算式に当てはめよう

ご家庭の犬の「ライフステージ」と「体重」の換算指数を入れて計算しましょう。

基本計算式

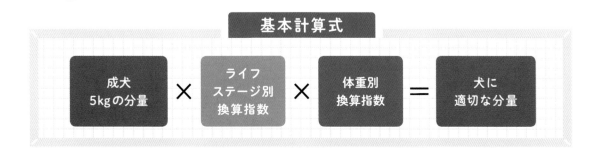

成犬 5kgの分量 × ライフステージ別換算指数 × 体重別換算指数 = 犬に適切な分量

STEP 3 実際に計算してみよう

指数関数表と基本計算式を確認したら、作りたいレシピのページを開いてみましょう。
材料欄を確認し、愛犬のごはんに必要な材料の分量を計算しましょう。

犬のプロフィールを確認

換算指数とレシピの分量を計算式に当てはめて、用意する材料の分量を出す。

名前	クッキー
犬種	ウェルシュコーギー（中型犬）
年齢	8歳（老犬期）
体重	15kg

ライフステージ別換算指数	0.8

体重別換算指数	2.3

調理するレシピと各材料の分量の計算方法 ❶

調理するレシピの材料の分量を確認。今回は、タラのおじや（P35）で計算。換算指数とレシピの分量を計算式に当てはめて、用意する材料の分量を出す。

成犬　5kgの分量		ライフステージ別換算指数		体重別換算指数		クッキーに適切な分量
タラの切り身…2切れ	×	0.8	×	2.3	=	4切れ
大根…60g	×	0.8	×	2.3	=	110g
白菜…80g	×	0.8	×	2.3	=	147g
ほうれん草…1/5束	×	0.8	×	2.3	=	2/5束
しいたけ…1個	×	0.8	×	2.3	=	2個
炊いたごはん…100g	×	0.8	×	2.3	=	184g
水…400㎖	×	0.8	×	2.3	=	736㎖

材料（体重5kgの成犬・4食分）

タラの切り身
（味のついていないもの）…2切れ
大根 ………………………… 60g
白菜 ………………………… 80g
ほうれん草 ……………… 1/5束
しいたけ …………………… 1個
炊いたごはん …………… 100g
きざみ昆布 ……………… 適宜
水 ………………………… 400㎖

※レシピは作り置き用に4食分の分量になっています。また、小数点以下は四捨五入しています。

調理するレシピの材料の分量を確認。今回は、ふわふわ食感の豆腐ハンバーグ（P68）で計算。換算指数とレシピの分量を計算式に当てはめて、用意する材料の分量を出す。

材料（体重5kgの成犬・4食分）

鶏ひき肉	200g
絹豆腐	1パック
小松菜	1束
にんじん	80g
エリンギ	2本
卵	4個
米粉	80g
ごま油	適宜

成犬　5kgの分量		ライフステージ別換算指数		体重別換算指数		クッキーに適切な分量
鶏ひき肉…200g	×	0.8	×	2.3	=	368g
絹豆腐…1パック	×	0.8	×	2.3	=	2パック
小松菜…1束	×	0.8	×	2.3	=	2束
にんじん…80g	×	0.8	×	2.3	=	147g
エリンギ…2本	×	0.8	×	2.3	=	4本
卵…4個	×	0.8	×	2.3	=	7個
米粉…80g	×	0.8	×	2.3	=	147g

※レシピは作り置き用に4食分の分量になっています。また、小数点以下は四捨五入しています。

愛犬に必要なおおよその分量がわかればOK

計算は
あくまで目安

　ここまで細かい作業をしてきましたが、実は厳密に計算する必要はありません。あくまで食事量の目安としてとらえましょう。病気で食事制限をしていない限り、食事量が少し多かったり少なかったりしても問題はありません。

　犬も人間と同じで、体質や体調によって1日の食事量が異なります。慣れない間は計算式を参考にしつつ、各家庭の愛犬に合わせて調整していきましょう。

　また、毎日必ず決まった量しかあげてはいけない、ということでもありません。たくさん運動した日はごはんを多めにあげたり、食事やおやつを多く与えすぎてしまった次の日には、少し食事の量を減らしたりして、総合的にバランスがとれていれば問題ないのです。毎日、気軽に手作りするには、神経質になりすぎないことが大切です。

作り置きを取り入れよう

毎日、犬のためにごはんを手作りするには時間も手間もかかります。そこで時間があるときに一度にたくさんのごはんを作り、冷凍保存をしておきましょう。数種類を作り置きすることで愛犬の体調に合わせたごはんを選択でき、いそがしいときでも、手早くきちんとしたごはんを食べさせてあげることができます。保存期間や解凍方法に注意しながらはじめてみましょう。

STEP 1 調理の流れ

まずは、大まかな調理の流れを確認しましょう。調味料を入れない以外は、基本的には人間の作り置き方法と変わりません。具材を切るサイズと加熱具合に気をつけましょう。

01

材料を切る

犬はごはんをほとんど咀嚼せず、丸飲みにします。のどに詰まったり、消化器官の負担になったりしないように、犬のひと口サイズに切りましょう。犬種や好みのサイズもありますが、まずは1cm角程度から様子を見ます。

02

調理する

レシピのプロセスに従って調理します。離乳したばかりの犬や老犬など、消化器官が弱い犬の場合は、特に野菜や穀物はよく加熱して、やわらかくしてあげましょう。スプーンでつぶせる程度のかたさがベストです。

03

あら熱を取る

調理を終えたら、しっかり冷まします。犬はいきおいよくごはんをかき込んでしまうため、熱い状態のごはんだとやけどをしてしまう可能性があります。ごはんを直接さわって、「あたたかい」「ぬるい」と感じられればOKです。

04

取り分けて冷凍する

ごはんのあら熱が取れたら、保存用の分量を取り分けましょう。1食ずつに取り分けて冷凍すると、解凍するときに便利です。調味料をほとんど入れていないため、冷蔵ではなく冷凍で保存するようにしましょう。

05

解凍する

冷凍したごはんを電子レンジ加熱で解凍しましょう。保存方法によって解凍方法が異なるため、P25〜27「冷凍＆解凍の手順」を確認してください。しっかり温めてから冷ますと、香りが立って犬の食いつきがよくなります。

STEP 2 保存容器の選び方

作り置きする料理は保存容器に入れて、冷凍庫で保存しましょう。保存容器には
さまざまなタイプがあります。それぞれの料理に適した容器を選びましょう。

袋型

ジッパーを閉める前に、空気をできるだけ抜いて酸化を予防するのがコツ。平らにすれば省スペースで冷凍することができます。価格も安く、使い捨てのものが多いので、消毒などの手間が省けます。袋に入れたまま湯煎できるのも特徴です（直火にはかけないように）。

コンテナー型

形を崩さずに入れることができ、具材が大きな料理を保存することに向いています。スープなど汁気の多いものは、スクリューロック式を使用すると、開け閉め時にこぼれにくくおすすめです。電子レンジ加熱で解凍するときは蓋をずらして使いましょう。

ラップ

包んだ食材に密着するのが特徴です。野菜や果物、肉類などの食材のほか、炊いたごはん類、茹でた麺類を保存することにも向いています。剥がれやすいため二重に包むか、小分けに包んだうえで、保存袋に入れるのがおすすめです。

製氷皿

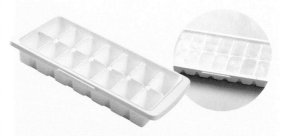

液体を小分けに冷凍するのに向いています。スープやだし汁などを冷凍し、必要な分だけ解凍して使用できるほか、そのまま犬に舐めさせることもできます。茹で置きした細かくきざんだ野菜や、おじやなどの冷凍にも便利でもおすすめです。

保存容器を選ぶ注意点

本書で紹介する作り置きレシピは、冷凍保存と電子レンジ加熱での解凍を前提にしています。保存容器も冷凍・電子レンジ加熱に対応したものを選びましょう。対応していないものを使用した場合、容器が破損するおそれがあります。

STEP
3

冷凍＆解凍の手順

ごはん、麺、スープなど、料理にはそれぞれに適した冷凍・解凍方法があり、保存容器のタイプによっても異なります。安全のためにも正しい手順を確認しましょう。

◪ ごはん類　使用する保存容器 ／ ラップ＋保存袋

冷凍

01 温かいうちにラップで包む

1食分ずつに分け、温かいうちに湯気ごとピッタリとラップで包む。

↓

02 均一になるように平たくする

平らにならすことで、ムラなく冷凍・解凍できるようにする。

↓

03 保存袋に入れて冷凍する

あら熱が取れたら、保存袋に入れて中の空気を抜き、冷凍する。

解凍

01 ラップのまま電子レンジ加熱

保存袋から取り出し、ラップに包んだまま電子レンジ(600W)で約3分加熱する。

POINT

ごはん類は温かいうちにラップに包む

ごはん類は温かいうちにラップに包んで水分を閉じ込めると、解凍時の仕上がりがふっくらします。温かいまま冷凍庫に入れると、庫内の温度が上がり、ほかの食材に影響が出るため、必ず冷ましてから冷凍します。

☑ 麺類　使用する保存容器／ラップ＋保存袋

冷凍

01　麺を茹でしっかりと水気を切る

パスタ、うどんなどの麺類は茹でて、水気を切ってあら熱を取る。

02　麺を短く切り、ラップに包む

犬が食べやすい長さに切り、1食分ずつラップに包み、平らにならす。

03　保存袋に入れて冷凍する

保存袋に入れ、中の空気をしっかりと抜いてから冷凍する。

解凍

01　ラップのまま電子レンジ加熱

保存袋から取り出し、ラップのまま電子レンジ（600W）で2〜3分加熱する。

P O I N T

麺類は冷凍ストックが便利

麺類は複数食分をまとめて茹で、冷凍ストックしておきましょう。電子レンジですぐに解凍でき、調理時間の短縮になります。また、食事のたびに茹でるのとくらべ、光熱費の節約にもなります。

☑ おかず類　使用する保存容器／ラップ＋保存袋

冷凍

01　ラップに包み保存袋に入れる

形が崩れないようにひとつずつラップに包み、保存袋に入れて冷凍する。

解凍

01　ラップのまま電子レンジ加熱

保存袋から取り出し、ラップに包んだまま電子レンジ（600W）で2〜3分加熱する。

■ スープ類 　使用する保存容器 ／ 保存袋 or コンテナー型

\ 保存袋 /

冷凍

解凍

01 保存袋の口を反対に折り返す

手頃な器に保存袋を入れ、口を反対側に折り返して固定する。

02 あら熱を取ったスープを入れる

1食分ずつ保存袋に入れる。氷結で体積が膨張するので内容量は8分目以下に。

03 平らにならして冷凍する

口を閉じたら、中身がこぼれてもいいようにトレイを敷き、平たく均一にする。

01 耐熱容器に入れ電子レンジ加熱

自然解凍しておき、耐熱皿に入れ替えて電子レンジ（600W）で約3分加熱する。

POINT

時間が ないときは 湯煎解凍

自然解凍する時間がないときは、保存袋のままお湯にひたして解凍します。保存袋の耐熱温度は100℃前後のため、直火にはかけないように。ある程度解凍できたら、耐熱皿に移して電子レンジ加熱します。

\ コンテナー型 /

冷凍

解凍

01 保存容器に入れ、冷凍する

あら熱を取ったスープをコンテナー型容器に入れ、具材を均一にならして冷凍する。

01 蓋をずらして電子レンジ加熱

コンテナー型保存容器に入れたまま電子レンジ（600W）に入れ、蓋をずらして約3分加熱する。

作り置きごはん Q&A

多めに作って保存できる便利な作り置きごはん。犬のごはんは調味料を使わないので、あまり日持ちしないのではないか、特別な保存方法があるのではないか、と不安を感じる人もいるでしょう。しかし、犬用だからといって特別に気をつけなくてはいけないことはありません。手順も注意点も人間のごはんを保存するときと同じで大丈夫。ここでは犬の作り置きごはんに挑戦する前に、疑問に思うことをお答えします。

QUESTION

01 冷蔵保存よりも冷凍保存のほうがいいですか?

保存期間が
2日以上なら
冷凍保存です。

犬用のごはんには、塩やこしょうなどの調味料をほとんど使用していないため、あまり日持ちがしません。そのため、調理後にあら熱が取れたらすぐに冷凍することをおすすめします。作ってから2日以内に食べ切れるようであれば冷蔵保存でも構いませんが、必ず匂いなどを確認してから与えてください。

QUESTION

02 ごはんは解凍したらすぐに与えていいですか?

必ず冷ましてから
与えてください。

電子レンジ加熱で解凍したばかりのごはんは、犬が食べるには熱すぎることがあります。加熱後は、必ず人肌になるまで冷ましてから与えましょう。また、加熱にムラがあることもあるため、与える前によくかき混ぜてください。自然解凍したごはんも冷たすぎないか確認しましょう。

QUESTION

03 保存期間を過ぎてしまいましたが、与えても大丈夫ですか?

保存期間を
過ぎたものは
処分してください。

冷凍したごはんは、保存期間内に食べさせましょう。また、保存期間内でも異臭や変な味がする場合には、処分してください。レシピの中には、1ヶ月など長期冷凍できるレシピもあり、保存期間が長いとついつい忘れがちになります。作った日付を保存袋にメモしておくと、忘れずに管理しやすくなります。

QUESTION

04 冷凍保存すると、食材の栄養素は失われますか?

A

気にするほどの量は
失われません。

冷凍保存したごはんは、保存前とくらべると栄養素が流出してしまいますが、全体的に見れば微々たるものです。毎食、愛犬の献立を考えるのは大変なことです。飼い主がごはんを作る負担を少しでも減らし、楽しく続けられるようにするほうが大切です。

QUESTION

05 犬がごはんを残してしまいました。
もったいないのでもう一度冷凍してもいいですか?

A

手作りごはんの
再冷凍は厳禁です。

一度、解凍したごはんが残ったからといって、再び冷凍することはやめましょう。味や質が落ちるだけでなく、雑菌が繁殖しやすくなります。冷凍した食材を使用して作った料理も同様です。その日の内に食べ切れないようであれば、残念ですが処分しましょう。

QUESTION

06 作ったごはんは、
すぐに冷凍庫に入れてもいいですか?

A

必ず冷まして
あら熱を取ってから
冷凍してください。

人間のごはんにもいえることですが、作りたてのごはんをそのまま冷凍庫に入れるのはNGです。雑菌が繁殖しやすくなるほか、冷凍庫内の温度が上がってしまい、食材が傷むことがあります。必ずあら熱を取ってから冷凍庫に入れましょう。

QUESTION

07 保存容器で
気をつけることはありますか?

A

消毒してから
使いましょう。

使い捨ての保存袋を使う場合には、あまり気にする必要はないでしょう。しかし、コンテナ型の保存容器などを繰り返して使用する場合は、必ずよく洗い、消毒してから、ごはんを詰めるようにしましょう。食器類や保存容器は、常に清潔に保ちましょう。

犬がごはんを食べないときは？

香りをつけて食欲を刺激しよう

人間と違い、犬はごはんを味ではなく香りで味わって食べています。市販のフードには犬が好きな香りがつけられていますが、手作り食の場合はその香りが薄いため、慣れないうちは興味を持ってくれないかもしれません。ごはんの食いつきが悪いときには、犬の食欲を刺激する香りを持った食材（P14）やだし汁（P15）をかけ、反応を見てみましょう。また、少量のカツオ節、パルメザンチーズなどもおすすめです。

苦手な食材は
好みの食材と組み合わせよう

犬も人間と同じで、食べ物に対して好き嫌いがあります。また、慣れていない食べ物を警戒することもあります。嫌いなものを無理に食べさせる必要はありませんが、好き嫌いが激しすぎて栄養が偏るようでしたら問題です。嫌いな食材は細かくきざんで、好きな食材と混ぜたり、練りこんだりして与えましょう。犬がおいしく食べられるように工夫してください。

ライフステージを確認しよう

成長期の犬はエネルギーを必要としているため、たくさんごはんを食べます。しかし、成長期を終えて成犬期に入ると、食欲は落ち着いてきます。このときに以前と変わらない食事量を与えてしまうと、肥満の原因になるので注意です。老犬期に入ると運動量が減るため、食欲が低下します。免疫力を上げる食材を選んだり、消化しやすいレシピにするなどライフステージに合わせて変えていきましょう。

• 本書の使い方 •

本書のレシピでは犬のごはんの作り方だけでなく、
食材の栄養効果や、調理のコツ、保存方法を紹介しています。

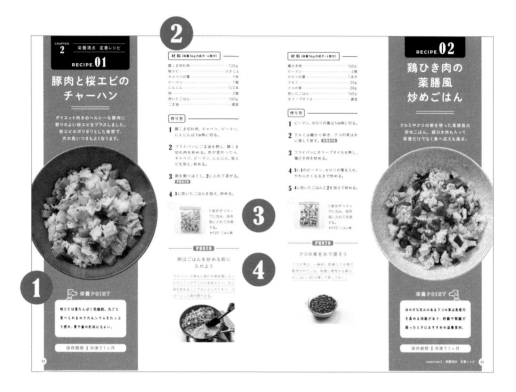

1 栄養POINT

料理に使っている食材の栄養素と、その健康効果について紹介しています。

2 材料の量

レシピの材料は1日2食の体重5kgの成犬の4食分を基準にしています。P18を参考にして、愛犬に合わせた分量に調節しましょう。

3 保存方法

調理後の冷凍保存の方法や解凍方法について解説しています。

4 調理のコツ

料理を作るうえでの技術的なポイントを、写真つきで解説しています。

レシピ表記について

● 小さじ1は5㎖、大さじ1は15㎖です。火力に指定がない場合は、中火としてください。

● 電子レンジの加熱時間は600Wを基準にしています。機種によって差が出るので、様子を見ながら加熱してください。

ごはんを与える前に

料理写真は具材がわかりやすいように盛りつけています。犬に与えるときには、全体をよく混ぜ、しっかり冷ましてからにしてください。

RECIPE.01

豚肉と桜エビの チャーハン

ダイエット向きのヘルシーな豚肉に
香りのよい桜エビをプラスしました。
桜エビのポリポリとした食感で、
犬の食いつきもよくなります。

🐕 **栄養POINT**

桜エビは高たんぱく低脂肪。丸ごと
食べられるのでカルシウムをたっぷ
り摂れ、骨や歯の形成にもよい。

保存期間 ‖ 冷凍で1ヶ月

材料（体重5kgの成犬・4食分）

豚こま切れ肉	120g
桜エビ	小さじ4
キャベツの葉	1枚
ピーマン	1個
にんじん	1/3本
卵	2個
炊いたごはん	160g
ごま油	適宜

作り方

1 豚こま切れ肉、キャベツ、ピーマン、にんじんは1cm角に切る。

2 フライパンにごま油を熱し、豚こま切れ肉を炒める。色が変わったら、キャベツ、ピーマン、にんじん、桜エビを加え、炒める。

3 卵を割りほぐし、**2**に入れて混ぜる。 **PHOTO**

4 **3**に炊いたごはんを加え、炒める。

1食分ずつラップに包み、保存袋に入れて冷凍する。
▶P25：ごはん類

PHOTO

卵はごはんを炒める前に 入れよう

フライパンで炒めた卵が半熟状態になったタイミングでごはんを加えよう。先に卵を炒めることでほどよくかたまり、ゴロリとした具材感が出る。

材料 (体重5kgの成犬・4食分)

鶏ひき肉 ……………………………… 160g
ピーマン ……………………………… 2個
セロリの葉 …………………………… 1本分
クルミ ………………………………… 20g
クコの実 ……………………………… 28g
炊いたごはん ………………………… 160g
オリーブオイル ……………………… 適宜

作り方

1 ピーマン、セロリの葉は1cm角に切る。

2 クルミは細かく砕き、クコの実は水に浸して戻す。 PHOTO

3 フライパンにオリーブオイルを熱し、鶏ひき肉を炒める。

4 **3**に**1**のピーマン、セロリの葉を入れ、やわらかくなるまで炒める。

5 **4**に炊いたごはんと**2**を加えて炒める。

1食分ずつラップに包み、保存袋に入れて冷凍する。
▶P25：ごはん類

PHOTO

クコの実を水で戻そう

クコの実は、一般的に乾燥した状態で販売されている。料理に使用する際は、水に20〜30分浸して戻しておく。

RECIPE.02

鶏ひき肉の薬膳風炒めごはん

クルミやクコの実を使った薬膳風の炒めごはん。鶏ひき肉も入って栄養だけでなく食べ応えも満点。

栄養POINT

ほのかな甘みのあるクコの実は免疫力を高める効能があり、肝臓や腎臓が弱ったときにおすすめの滋養食材。

保存期間 ∥ 冷凍で1ヶ月

RECIPE.03

鶏せせりの
トマトリゾット

水分不足になりがちな夏は
瑞々しい野菜たっぷりのごはん。
仕上げに犬の食欲をそそる
パルメザンチーズを加えてもOK。

🐕 栄養POINT

鶏せせりは首まわりの筋肉で、高た
んぱく質、低カロリー。コラーゲン
も豊富でコリコリの食感がGOOD。

保存期間 ‖ 冷凍で3週間

材 料 (体重5kgの成犬・4食分)

鶏せせり	200g
トマト	1個
ズッキーニ	1/2本
なす	1/5本
セロリ	1/2本
まいたけ	12g
炊いたごはん	120g
水	600㎖

作り方

1 トマト、ズッキーニ、なすは1cm角に、セロリとまいたけはみじん切りにする。

2 鶏せせりの骨を取り除き、ひと口大に切る。 PHOTO

3 鍋に水と**1**を入れて火にかける。沸騰したら**2**の鶏せせりを加える。

4 食材がしんなりしたら火を止め、あら熱を取る。

5 器に炊いたごはんを盛りつけ、**4**を加えてよく混ぜる。お好みでパルメザンチーズ(分量外)をかけてもよい。

▶P25:ごはん類

スープは1食分ずつコンテナー型保存容器に入れて冷凍する。 ▶P27:スープ類

PHOTO

鶏せせりの骨を取り除く

市販のせせりは、肉の中に細かい骨が残ったままのことがある。触ってかたいところを探しながら、骨の部分を包丁で丁寧にそぎ落とす。

タラのおじや

タラに昆布だしがしみ込んだ一品。
きざみ昆布は早く煮え、
犬の好きなだしが出やすいので
おすすめの食材です。

材料（体重5kgの成犬・4食分）

タラの切り身（味のついていないもの）	2切れ
大根	60g
白菜	80g
ほうれん草	1/5束
しいたけ	1個
炊いたごはん	100g
きざみ昆布	適宜
水	400㎖

作り方

1 タラ、大根、白菜、ほうれん草、石づきを取ったしいたけは1cm角に切る。

2 きざみ昆布はキッチンバサミで食べやすい長さに切る。 **PHOTO**

3 鍋に水と**1**、**2**を入れ、具材がやわらかくなるまで煮る。

4 **3**に炊いたごはんを入れ、ひと煮立ちさせる。

1食分ずつコンテナー型保存容器に入れて冷凍する。
▶P27：スープ類

PHOTO

きざみ昆布を細かく切ろう

昆布は食物繊維やミネラルが豊富な食材。しかし、乾燥した状態はとてもかたいため、そのまま与えるのはNG。犬が食べやすいように細かく切り、やわらかくなるまで煮て与えよう。

栄養POINT

タラは消化吸収がよく、脂肪分が少ない食材。抗酸化作用もあり、細胞の老化を抑え、免疫力を高める。

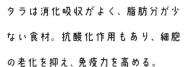

保存期間 ‖ 冷凍で1ヶ月

RECIPE.05

サケ雑炊

切って煮るだけの簡単レシピ。
サケのうまみが染み込んだ雑炊に
野菜をたっぷりと加えた、
栄養バランスのとれた一品。

栄養POINT

サケは抗酸化作用を持つ「アスタキサンチン」や、必須脂肪酸のほか、ビタミンB群も豊富な健康食材。

保存期間 ‖ 冷凍で3週間

材 料 （体重5kgの成犬・4食分）

サケの切り身（味のついていないもの）
.... 2切れ
ピーマン 4個
ブロッコリー 4房
なす 2本
炊いたごはん 160g
水 .... 400㎖

作り方

1 サケは骨を取り除き、ひと口大に切る。 PHOTO

2 ピーマン、ブロッコリー、なすは1cm角に切る。

3 鍋に水を入れ、**1**、**2**と炊いたごはんを入れて15分煮込む。

1食分ずつコンテナー型保存容器に入れて冷凍する。
▶P27：スープ類

PHOTO

サケの骨を取り除く

まずは腹骨を取る。包丁を小骨の下から腹骨に沿って入れ、身をひっくり返しながら、腹骨を削いで身から切り離す。

次に、身を指で触りながら小骨の位置を確認し、骨抜きで1本ずつ抜いていく。

サケの粕汁ごはん

酒粕は栄養価が高く、
疲労回復も期待できる優れもの。
夏は酒粕を冷やして与えることで
夏バテ防止にも役立ちます。

材料（体重5kgの成犬・4食分）

サケの切り身（味のついていないもの）……4切れ	
大根……………………………………50g	
大根の葉………………………………40g	
にんじん………………………………15g	
まいたけ………………………………12g	
油揚げ……………………………………1枚	
酒粕…………………………………小さじ1	
みそ…………………………………小さじ1	
炊いたごはん………………………120g	
水………………………………………800㎖	

作り方

1 大根、にんじんは1cm角に切り、大根の葉、まいたけはみじん切りにする。油揚げは湯通し、せん切りにする。

2 鍋に水を入れて火にかけ、**1**を入れる。沸騰したら、小骨を取り除いたサケを加えて煮込む。

3 全体に火が通ったら弱火にし、酒粕とみそを**2**の汁で溶いて加える。
PHOTO

4 かき混ぜながら沸騰させたら、火を止めてあら熱を取る。

5 器に炊いたごはんを盛りつけ、**4**を加えてよく混ぜる。

▶P25：ごはん類

スープは1食分ずつコンテナー型保存容器に入れて冷凍する。　▶P27：スープ類

--- **PHOTO** ---

溶けやすい練り粕が便利

酒粕は水に溶けにくく、しっかり混ぜないとダマになる。ペースト状の練り粕は短時間で溶け、使いやすい。

栄養POINT

酒粕はペプチド、アミノ酸、ビタミン類など豊富な栄養素を含む。沸騰させてアルコール分を飛ばそう。

保存期間 ‖ 冷凍で3週間

RECIPE.07

鶏肉と卵の
クッパ風

やさしい味でサラサラと食べられる
クッパ風のスープごはん。
少しおなかを休めたいときに
おすすめのレシピです。

栄養POINT

鶏肉は必須アミノ酸が多く含まれ、
筋肉の強化に効果的。卵黄に含まれ
るレシチンは代謝促進によい。

保存期間 ‖ 冷凍で1ヶ月

材料（体重5kgの成犬・4食分）

鶏もも肉……………………………… 120g
卵…………………………………………… 2個
にんじん……………………………… 1/4本
もやし…………………………………… 40g
スナップえんどう…………………… 60g
炊いたごはん………………………… 120g
水…………………………………………… 600㎖

作り方

1 鶏もも肉、にんじん、もやしは1㎝角
に切る。

2 スナップえんどうは筋を取り除き、
サヤごと1㎝角に切る。 PHOTO

3 鍋に水を入れて火にかけ、鶏肉、野
菜の順に加えてやわらかくなるまで
煮る。

4 卵を割りほぐし、3に流し入れてひ
と煮立ちさせる。

5 4に炊いたごはんを入れ、よく混ぜる。

▶P25：ごはん類

スープは1食分ずつコンテナー型保存容
器に入れて冷凍する。 ▶P27：スープ類

PHOTO

スナップえんどうの筋を取る

スナップえんどうの先端のとがっている
ヘタを折り、反対側の先端まで引っ張っ
て筋を取る。向かい側に爪を立て、同じ
ように引っ張り両端の筋を取り除く。

かぶと肉団子の スープごはん

豚ひき肉の肉団子の
うまみがたっぷり詰まったスープ。
かぶの葉にはカルシウムが多いので、
捨てずに一緒に食べましょう。

材料（体重5kgの成犬・4食分）

豚ひき肉 ……………………………… 240g
Ⓐ しょうがのすりおろし ……… 小さじ1
　 片栗粉 ……………………………… 小さじ1
　 みそ ……………………………… 小さじ1
かぶ ……………………………………… 2個
かぶの葉 …………………………… 2個分
にんじん ………………………………… 1本
しめじ …………………………… 1パック
炊いたごはん ……………………… 160g
水 ………………………………………… 800ml

作り方

1 鍋に水を入れて沸かす。

2 かぶ、かぶの葉、にんじん、石づきを
　 取ったしめじは、1cm角に切る。

3 ボウルに豚ひき肉とⒶを入れ、よく練
　 る。粘りが出たら**1**の鍋にスプーンで
　 落とし入れ、肉団子を作る。**PHOTO**

4 肉団子が煮えたら、鍋に**2**を入れて
　 やわらかくなるまで煮る。

5 器に炊いたごはんを盛りつけ、**4**の
　 野菜を加える。肉団子は食べやすい
　 大きさに切り、よく混ぜる。

▶P25：ごはん類

スープは1食分ずつコンテナー型保存容
器に入れて冷凍する。▶P27：スープ類

PHOTO

スプーンで肉団子を作る

肉団子のタネ
は、ひと口大の
タネをスプーン
ですくい、もう
1本のスプーン
で転がしながら、丸く成形して作る。

栄養POINT

疲労回復に効果があるビタミンB₁が
豊富な豚肉には、虚弱体質を改善し、
病後の体力を回復する効果もある。

保存期間 ‖ 冷凍で3週間

RECIPE.09

きのこの スープパスタ

3種類のきのこの風味が香るパスタ。
油で炒めてから食材を煮込むので、
脂溶性ビタミンが吸収されやすく、
肌や粘膜の健康維持に効果的。

栄養POINT

きのこは犬にとっても低カロリーで
食物繊維がたっぷりなヘルシー食材。
皮膚や粘膜を守るビタミンB₂も豊富。

保存期間 ‖ 冷凍で3週間

材料（体重5kgの成犬・4食分）

えのき ……………………………… 1/2パック
しいたけ …………………………… 1/2パック
しめじ ……………………………… 1/2パック
鶏むね肉 ……………………………… 240g
キャベツの葉 ………………………… 2枚
小松菜 ………………………………… 1株
パプリカ（赤・オレンジ）………… 計160g
パスタ（茹でたもの）……………… 240g
オリーブオイル ……………………… 適量
水 ……………………………………… 600㎖

作り方

1 えのき、しいたけ、しめじはみじん
切りにする。鶏むね肉、キャベツ、
小松菜、パプリカは1㎝角に切る。

2 フライパンにオリーブオイルを熱し、
1を炒める。

3 鶏むね肉の色が変わったら、水を加
えて煮込む。

4 茹でたパスタをキッチンバサミで
食べやすい長さに切り、器に盛る。
PHOTO

5 3を加えてよく混ぜる。

▶P26：麺類

スープは1食分ずつコンテナー型保存容
器に入れて冷凍する。 ▶P27：スープ類

PHOTO

パスタは短く切ってから調理する

犬は麺をかみ切
らずに食べてし
まう。与えると
きにはのどに詰
まらないように
短く切るように
しよう。

大根の和風パスタ

のりとごまの香りが
風味豊かな和風パスタ。
炒めた鶏ひき肉の香りも加わり、
食欲アップ。

材料（体重5kgの成犬・4食分）

材料	分量
大根	1/6本
大根の葉	60g
しめじ	1/2パック
鶏ひき肉	200g
パスタ（茹でたもの）	80g
パスタの茹で汁	300㎖
もみのり	4枚
クコの実	20g
白ごま	適宜
オリーブオイル	適宜

作り方

1 大根としめじは1cm角に切り、大根の葉はきざむ。クコの実は水に浸して戻す（P33参照）。

2 フライパンにオリーブオイルを熱し、鶏ひき肉を炒める。色が変わったら**1**を入れて炒める。

3 茹でたパスタはキッチンバサミで食べやすい長さに切る。 PHOTO

4 **2**に**3**のパスタを入れて、混ぜ合わせ、パスタの茹で汁を加える。

5 器に盛りつけ、もみのり、クコの実、白ごまを振り、よく混ぜる。

▶P26：麺類

スープは1食分ずつコンテナー型保存容器に入れて冷凍する。▶P27：スープ類

PHOTO

パスタは冷凍ストックしておく

パスタはあらかじめまとめて茹で、食べやすい長さに切ってから冷凍し、ストックしておくと便利。

栄養POINT

大根の葉にはβ-カロテンや葉酸が豊富。生のままきざんで保存袋に入れて冷凍することもできる。

保存期間 ∥ 冷凍で3週間

RECIPE.11

ツナ缶の
クリームパスタ

2色のピーマンが色鮮やかな
ショートパスタのクリーム煮。
ツナ缶はマグロに含まれる栄養が
たっぷりで、低脂肪の有能食材。

栄養POINT

ツナ缶は、身だけでなくオイルにも
血流改善や中性脂肪値を下げるEPA
やDHAなどの栄養素が含まれている。

保存期間 ‖ 冷凍で3週間

材料（体重5kgの成犬・4食分）

ツナ缶（無塩）	2缶
アスパラ	100g
ピーマン（緑・赤）	計100g
まいたけ	12g
豆乳	120㎖
ショートパスタ	40g
パルメザンチーズ	大さじ1
水	680㎖

作り方

1 アスパラ、ピーマンは1cm角に切り、まいたけはみじん切りにする。

2 鍋に水と1を入れて火にかけ、沸騰させる。

3 ツナとショートパスタを2に入れ、弱火で15分煮込む。

4 ショートパスタがやわらかくなったら火を止め、豆乳を入れる。

5 あら熱を取ったら器に盛りつけ、パルメザンチーズをひと振りする。

スープとショートパスタはまとめて1食分ずつに分け、コンテナー型保存容器に入れて冷凍する。
▶P27：スープ類

ショートパスタだけを冷凍する場合は、1食分ずつラップに包み、保存袋に入れて冷凍する。
▶P26：麺類

みそ煮込み うどん

みその風味で野菜も肉も
おいしく食べられる逸品。
野菜で栄養バランスを
うどんと肉でエネルギーを摂取。

材料（体重5kgの成犬・4食分）

鶏むね肉	320g
キャベツの葉	1枚
小松菜	1株
大根	80g
にんじん	1/5本
しいたけ	3個
うどん（茹でたもの）	400g
だし汁	800㎖
みそ	大さじ1/2

作り方

1 鶏むね肉、キャベツ、小松菜、大根、にんじん、しいたけは1cm角に切る。

2 鍋にだし汁と大根、にんじん、しいたけを入れて火にかける。沸騰したら、鶏むね肉とキャベツ、小松菜を入れ、10〜15分煮込む。

3 食材が煮えたら火を止め、みそを入れてよく混ぜる。

4 茹でたうどんをキッチンバサミで食べやすい長さに切り、器に盛る。**3** を加えてよく混ぜる。 **PHOTO**

▶P26：麺類

スープは1食分ずつコンテナー型保存容器に入れて冷凍する。 ▶P27：スープ類

PHOTO

うどんも短く切ってストック

うどんもパスタと同様に、あらかじめ食べやすい長さに切ってからストックしておくと、すぐに調理することができる。

栄養POINT

うどんは白米より低カロリーな食材。食が太い子でも、安心して食べられ、満腹感を得ることができる。

保存期間 ‖ 冷凍で3週間

手作りごはんへの切り替え方

犬の健康を思って作った、栄養と愛情がたっぷりの手作りごはん。しかし、犬にはじめて食べさせるときには、準備と時間が必要です。市販のフードしか食べたことのない犬にとって、手作りごはんは未知のもの。手順を踏んで、少しずつ慣れさせてあげましょう。

いきなり手作りごはんを与えるのはNG

「昨日までは市販のフードだったけれど、今日からは手作りごはん」と、急に手作り食に完全に切り替えてしまうことは、あまりおすすめできません。犬にとって、市販のフードと手作りごはんはまったく異なる食べ物。そのため、急な食生活の変化に心と体がびっくりしてしまうことがあります。犬が安心して食事ができるよう、手作りごはんへの移行期間を設けましょう。

移行期間がないと……

警戒してごはんを食べなくなる

はじめて見る食材や香りに対して怖いと感じてしまったり、ごはんだと認識してくれなかったりすることがあります。また、食べたあとに不安を感じ、吐き戻してしまうことも。

おなかがびっくりしてゆるくなる

突然、食べるものを変えたことで、腸内環境のバランスが崩れてしまうことがあります。また、市販のフードよりも摂取する水分量が増えるので、一時的に下痢や軟便になることも。

約20日かけてゆっくり移行しよう

市販のフードから手作りごはんへの移行は、いろいろな食材を市販のフードにトッピングして慣れさせる「トッピング期間」、手作りごはんが食事のメインになっていく「切り替え期間」、そして、手作りごはんオンリーで食べられるようになる「完全移行」の3つのステップを、約20日かけて行います。詳しい移行の仕方は、次のページの移行プログラム表を参考にしましょう。

STEP 1 トッピング期間

食材に慣れさせるために、いつもの市販のフードに手作りごはんをトッピングします。食べすぎないように、ごはんを足した分のフードは減らし、少しずつ、手作りごはんの割合を増やしていきます。

STEP 2 切り替え期間

手作りごはんの量が市販のフードを上回っていく期間です。食事の内容が大きく変わったことで、体に変化が起きることがあります。体調を気にしながら、ごはんを与えましょう。

STEP 3 完全移行

市販のフードの割合が0になり、手作りごはんに100%移行します。食事の内容の切り替えによる体の変化も落ち着いてきます。アレルギーなどに注意しながら、さまざまな手作りごはんを楽しみましょう。

手作りごはん移行プログラム表

※プログラム表はあくまで目安です。個体差があるため、あせらずに愛犬のペースに合わせましょう。

	日数	割合 フード:手作りごはん	ポイント
トッピング期間	1〜2日	9：1	**おなかにやさしい葛のトッピングからはじめよう** 最初は市販のフードに軽くトッピングするところからはじめる。おすすめの食材は、「葛湯・葛練り（※本葛粉）」。葛はエネルギー取得に効率がよく、消化がよい食材。また、胃腸を整える効果が期待できるため、1日目のごはんとしておすすめ。
	3〜4日	8：2	**いろいろな食材を煮たおじやを試してみよう** 3日目からは、おじやに挑戦してみよう。野菜は肉や魚にくらべて消化しにくいため、細かくきざみ、やわらかく煮ましょう。キャベツなどの葉物からはじめるのがおすすめ。慣れてきたら、しっかり火を通してやわらかくした根菜類にもチャレンジしよう。
	5〜6日	7：3	**※体調の変化に注意** 手作りごはんの割合が増えることで摂取する水分量が増え、老廃物が体外に排出される。その過程で排泄量が増える、おなかがゆるくなるなどの症状がある場合があるが、たいていは数日間で落ち着く。長く続く場合は、アレルギーの疑いがあるため、獣医師に相談すること。
	7〜8日	6：4	
切り替え期間	9〜10日	5：5	**手作りごはんと市販のフードを半々に与えよう** 手作りごはんと市販のフードの割合が同じくらいになってきたので、与え方をトッピングから切り替える。半分ずつお皿に盛るか、朝または夕のどちらか1食を手作りごはんに替えてみよう。片方しか食べないときは、手作りごはんとフードをよく混ぜてから与えよう。
	11〜12日	4：6	
	13〜14日	3：7	5　　　5　　　☀　　　🌙 市販のフード　×　手作りごはん　市販のフード　×　手作りごはん
	15〜16日	2：8	
完全移行	17〜18日	1：9	**おじや以外のごはんへのチャレンジをはじめよう** 1日2食のうち、1食を手作りごはんにしたり、手作りごはんと市販のフードを半分ずつ与えたりする食生活をしばらく続けてみて、犬の体調や便が正常であれば、手作りごはんに完全移行しよう。おじや以外の食事にも挑戦できるので、犬の好きな食材や料理を探してみよう。
	19〜20日	0：10	

手作りごはんの正しい与え方

犬が手作りごはんに慣れたら、次は与え方のポイントを押さえましょう。
健康のための手作りごはんも、間違った与え方をしてしまうと逆効果
になってしまいます。また、量の与えすぎにも気をつけ、犬の年齢や
季節に合わせた調節方法も変えましょう。

1日に与える量に注意しよう

市販のフードのパッケージには、与える量やカロリー、栄養バランスなどが記載されていますが、手作
りごはんは飼い主が自分でそれらを調節しなくてはいけません。難しいことのように感じますが、いく
つかのポイントを押さえておけば心配ありません。大切な愛犬が栄養不足や肥満にならないようにしっ
かり確認しましょう。

Check 1

ごはんの回数は
1日2回

成犬の食事は1日2回が目安です。もちろん、犬の個体差や体調によっ
て3回以上に分けて与えたり、1度に1日分を与えてしまったりし
てもかまいません。ただし、1日のごはんの総量が適切な量から変
わらないようにしてください。1度で食べきってしまった犬がおか
わりを要求しても、与えてはいけません。

Check 2

ごはんの量は
「犬の帽子」が目安

1食分のごはんの量はP20～21を参考に
してください。ただし、厳密である必要は
ありません。また、おおまかな目安として、
犬の頭の大きさを使うことができます。犬
の目の上にまで、深く帽子をかぶせるイメー
ジの分量が、1食分の食事量になります。

Check 3

肥満予防のため
体型チェック

肥満は健康の大敵です。適正体重と体型を知り、定期的にチェックす
るようにしましょう。適切な量を与えているつもりでも、太りやすい
体質や運動量が少ない、去勢や避妊手術後、加齢などの理由で肥満に
なってしまうこともあります。以下の体型チェックのポイントに当て
はまらないようなら、ごはんの量やカロリーを抑えるようにしましょう。

体型チェックのポイント

○ 真上から見たときに犬のくびれがはっきりわかる。
○ 真横から見て、胴が前足から後ろ足に向かってつり上がっている。
○ 脇腹を触ると、肋骨の凹凸がわかる。
○ 背骨を触ると、浮き出た背骨の感触がわかる。

ライフスタイルに応じた食事内容

人間でも子どもと大人では食べる量や必要な栄養素が違うように、犬もライフステージ（P18）によって適切な食事内容が異なります。そのため、犬の年齢に合わせて、ごはんの量や回数を変えていく必要があります。下の項目を参考にし、愛犬のライフステージに合ったごはんを調節しましょう。

成長期

1日の食事回数

2 〜 4 回

肉や魚で丈夫な体を作る

体が大きく成長するために多くのエネルギーが必要な時期。成犬の1.2〜2倍の栄養が必要といわれており、少し食べすぎても問題ありません。丈夫な筋肉や骨を作るため、動物性たんぱく質が豊富な肉や魚を積極的に取り入れましょう。まだ消化能力が未熟で、一度に大量の食事を処理できないため、食事は小分けにして様子を見ながら与えます。

成犬期

1日の食事回数

2 回

野菜でバランスを整える

成長期が終わり、体型が安定する時期。肥満に注意が必要になります。成長期よりも必要なエネルギー量が減るため、肥満を防ぐためにも、ゆるやかに食事量を減らすようにしましょう。消化器官が丈夫になり、さまざまな食材を食べることができるようになります。野菜を積極的に取り、栄養バランスを整えましょう。

老犬期

1日の食事回数

3 回

高齢化にともない運動量が減り、食欲が衰退します。食事量が減ることで必要に応じて摂取する水分量も減るので、こまめに水を飲ませたり、水分量の多いごはんにしたりしましょう。また、消化能力の低下や唾液の分泌量の減少が見られるため、必要に応じてごはんはやわらかく煮込んだり、つぶしたりし、消化しやすいように工夫します。

季節に応じた食事内容

犬は気温や季節の変化に敏感な生き物。うまく環境に対応できずに体調を崩してしまうこともあります。そのため、季節に合わせて手作りごはんの内容を調節することで、犬の体調を整えるサポートをしましょう。下の項目で、季節ごとの特徴や注意点、おすすめの食事内容を確認していきましょう。

1年の基準となるごはん

春

気候が暖かくなり、犬が活動的になる季節。よく食べさせ、よく運動させるようにしましょう。春先は朝晩の寒暖差が大きく、体調を崩しやすくなる時期です。消化のよいものを選び、胃腸を整えるようにしてください。この時期の食事量が、1年の食事量の基準になります。

量は少なく、カロリーは高く

夏

体温調節が苦手な犬が夏バテぎみになる季節。運動量や食欲が落ちる傾向にあるため、食事量を減らし、カロリーが高いものを少量与えてください。脱水症状を防ぐために、トマトやきゅうりなど水分量が多い野菜や、スープ類のごはんを積極的に与えるとよいでしょう。

免疫力を高める食材

秋

冬に備えて食欲が旺盛になる季節。換毛期でもあり、必要なカロリー量が増えます。栄養価の高いごはんを与えつつも、しっかりと運動させて肥満を防いでください。また、夏の疲れが出る時期でもあるため、風邪予防のために免疫力を高める食材を取り入れましょう。

量は多めにして温める

冬

気温が低下し、犬が体温を維持するためにカロリーが必要になる季節。食事量は少し多めにしてもよいでしょう。冷えや乾燥によって風邪をひきやすくなるため、とろみや体を温める効果のある食材を使ったごはんがおすすめです。人肌程度にごはんや水を温めて与えてください。

RECIPE.01

コーンスープ

とうもろこしの甘みが溶け込んで
おなかにやさしい味のスープ。
小さく切って焼いた食パンを
クルトンの代わりに浮かべます。

🐕 栄養POINT

とうもろこしは、食物繊維が豊富で
便秘解消に効果的な食材。ミネラル
やビタミン類も豊富。

保存期間 ‖ 冷凍で1ヶ月

材 料 (体重5kgの成犬・4食分)

とうもろこし	2本
鶏ささみ	2本
セロリ	1/2本
にんじん	1/4本
豆乳	120㎖
食パン	1枚
水	適量

作り方

1 とうもろこしは下茹でし、身をそぎ
落としてフードプロセッサーにかけ
ておく。

2 鶏ささみ、セロリ、にんじんを1cm角
に切る。

3 鍋に水を入れ、火にかける。**2**を入
れて10〜15分煮る。

4 食パンは1cm角に切り、トースター
で焼く。

5 **1**に水気をきった**3**、豆乳を加えてよ
く混ぜる。

6 **5**を器に盛りつけ、**4**を散らす。

スープは1食分
ずつ保存袋に入
れて冷凍する。
▶P27：スープ類

食パンは1食分
ずつラップで包
み、保存袋に入
れて冷凍する。
食べるときは自
然解凍後に軽く
温めるか、スー
プに浸してやわ
らかくする。

材料（体重5kgの成犬・4食分）

かぼちゃ	160g
豚肉	160g
キャベツの葉	4枚
ピーマン	2個
にんじん	1/5本
水	400ml

作り方

1 かぼちゃ、豚肉、キャベツ、ピーマン、にんじんは1cm角に切る。**PHOTO**

2 鍋に水を入れて火にかけ、ピーマン以外の**1**を入れて10～15分煮る。

3 ピーマンを入れてひと煮立ちさせる。

1食分ずつ保存袋に入れて冷凍する。
▶P27：スープ類

PHOTO

かたいかぼちゃは加熱してから切ろう

かぼちゃの皮がかたくて切れないときは、耐熱容器に入れてラップをかけ、電子レンジで1～2分加熱する。カット済みのかぼちゃの場合はワタを取り除いておく。

あら熱が取れたらラップをはがす。加熱によって皮がやわらかくなり、包丁の刃が通りやすくなる。

RECIPE.02

かぼちゃの スープ

甘みが強いかぼちゃは
犬が大好きな食材のひとつ。
食物繊維も豊富なため、
腸内環境を整えます。

栄養POINT

かぼちゃは抗酸化作用があるβ-カロテンが豊富。また、皮には実の2倍のβ-カロテンが含まれている。

保存期間 ‖ 冷凍で1ヶ月

RECIPE.03

肉団子とじゃがいものスープ

鶏ひき肉で野菜を包んだヘルシーな肉団子のスープ。ホクホク食感のじゃがいもにはビタミンCが豊富です。

栄養POINT

鶏肉には必須アミノ酸の「メチオニン」が含まれており、肝臓に脂肪がたまるのを予防する効果がある。

保存期間 ‖ 冷凍で1ヶ月

材料（体重5kgの成犬・4食分）

鶏ひき肉	200g
じゃがいも	2個
いんげん	12本
キャベツの葉	4枚
にんじん	1/5本
片栗粉	適宜
水	600㎖

作り方

1 いんげんは1cm角に切る。キャベツ、にんじんはみじん切りにする。

2 ボウルに鶏ひき肉、**1**、片栗粉を入れて混ぜ、ひと口大に丸く成形し、肉団子を作る。

3 じゃがいもは皮をむき、1cm角に切る。鍋に水を入れ、火にかける。じゃがいもを入れてやわらかくなるまで煮る。

4 **3**に**2**の肉団子を加え、10〜15分煮る。肉団子は鍋から取り出し、食べやすい大きさに切る。

5 器に**4**を盛りつけ、よく混ぜる。
PHOTO

スープと肉団子はまとめて、1食分ずつ保存袋に入れて冷凍する。
▶P27：スープ類

PHOTO

肉団子はひと口サイズに切る

肉団子は犬がひと口で食べられるように、小さいサイズに成形するか、食べるときに犬の口の大きさに合わせたサイズに切ってから与える。

RECIPE.04

イワシの
つみれ汁

骨ごとすり身にしたつみれで、
イワシの栄養を丸ごと摂取。
緑黄色野菜を加えることで
栄養も効果的に摂取できます。

材料（体重5kgの成犬・4食分）

イワシのすり身	200g
A しょうがのしぼり汁	小さじ1
みそ	小さじ1/2
ごぼう	1/6本
小松菜	1株
大根	120g
にんじん	1/5本
片栗粉	適宜
水	400ml
炊いたごはん	120g

作り方

1 ボウルにイワシのすり身とAを入れ、混ぜ合わせる。水っぽい場合は、片栗粉を適宜入れ、ひと口大に丸く成形し、つみれを作る。

2 ごぼう、小松菜、大根、にんじんは1cm角に切る。

3 鍋に水を入れ、火にかける。沸騰したら1のつみれを入れて煮る。つみれが煮えたら鍋から取り出し、食べやすい大きさに切る。

4 鍋の煮汁に2を入れてやわらかくなるまで煮る。

5 器に炊いたごはん、つみれ、4の野菜を盛りつけ、よく混ぜる。

▶P25：ごはん類

スープとつみれはまとめて、1食分ずつに分け、保存袋に入れて冷凍する。

▶P27：スープ類

つみれのみ保存する場合は、1食分ずつラップで包み保存袋に入れて冷凍する。

▶P26：おかず類

栄養POINT

良質なたんぱく質が豊富なイワシ。骨に含まれるカルシウムと、その吸収を高めるビタミンDも豊富。

保存期間 ‖ 冷凍で3週間

RECIPE.05

鶏肉とレンコンの
すり流し汁

秋冬においしいレンコンには
体を温め粘膜を潤す効果があります。
すりおろしにすることで
とろみが出て食べやすくなります。

🐕 栄養POINT

レンコンは皮膚や毛ヅヤを守るビタミ
ンCが豊富。でんぷん質に包まれて
いるので、加熱しても壊れにくい。

保存期間 ‖ 冷凍で1ヶ月

材料（体重5kgの成犬・4食分）

鶏むね肉	160g
レンコン	1/2本
小松菜	1株
白菜	2枚
にんじん	1/5本
しいたけ	1個
豆腐	120g
水	400㎖

作り方

1 鶏むね肉、小松菜、白菜、にんじん、石づきを取ったしいたけ、豆腐は1cm角に切る。

2 鍋に水を入れて火にかけ、豆腐以外の**1**を入れて10～15分煮る。

3 レンコンをすりおろす。 **PHOTO**

4 **2**に**3**と豆腐を加え、ひと煮立ちさせる。

 ❄ 1食分ずつ保存袋に入れて冷凍する。
▶P27：スープ類

PHOTO

レンコンは皮ごとすりおろす

レンコンの皮にはポリフェノールの一種
であり、抗酸化作用があるタンニンが豊
富。しっかりと泥を洗い流してから、皮
ごとすりおろそう。

材料（体重5kgの成犬・4食分）

ごぼう	1/6本
大根	80g
里いも	3個
にんじん	1/4本
鶏むね肉	240g
小松菜	1/4株
干ししいたけ	2個
干ししいたけを戻す用の水	200㎖
炊いたごはん	120g
水	400㎖

作り方

1 里いもは下茹でし、あく抜きしておく。干ししいたけは水200㎖に浸し、戻しておく。戻し汁は捨てずに取っておく。

2 ごぼう、大根、里いも、にんじんはあられ切りにする。しいたけはみじん切りにする。

3 鶏むね肉、小松菜は1cm角に切る。

4 鍋に水400㎖としいたけの戻し汁を入れ、**2**を加えて火にかける。沸騰したら、鶏むね肉を入れて10〜15分煮込む。

5 鶏むね肉に火が通ったら、小松菜を加え、ひと煮立ちさせる。

6 器に炊いたごはんを盛りつける。**4**を加えてよく混ぜる。

▶P25：ごはん類

スープは1食分ずつコンテナー型保存容器に入れて冷凍する。 ▶P27：スープ類

根菜たっぷりスープ

食物繊維たっぷりの根菜を使った便秘予防スープ。しいたけの戻し汁で香りづけ効果も。

栄養POINT

里いもはいも類の中ではカロリーが低い食材。食物繊維やカリウムが豊富でデトックス効果も期待できる。

保存期間 ‖ 冷凍で3週間

冬瓜と鶏手羽元のスープ

低カロリーな冬瓜とジューシーな鶏肉を
合わせた、バランスがよい一品。
冬瓜は名前に「冬」とありますが、
夏が旬の食材で、水分摂取におすすめ。

栄養POINT

冬瓜は約95%が水分。ナトリウム
を排出するカリウムも含んでいるため、
尿量を増やし、利尿を促す。

保存期間 ‖ 冷凍で1ヶ月

材料（体重5kgの成犬・4食分）

冬瓜	160g
鶏手羽元	200g
小松菜	1株
にんじん	1/3本
ごぼう	1/3本
炊いたごはん	200g
サラダ油	適宜
水	480㎖

作り方

1 冬瓜は皮をむき、下茹でする。あら熱が取れたら水気を切り、あらみじん切りにする。**PHOTO**

2 にんじんと小松菜はあらみじん切りにし、ごぼうはすりおろす。

3 鍋にサラダ油を熱し、骨のついた状態の鶏手羽元と**1**、**2**を炒める。

4 鶏手羽元に焼き色がついたら、水を加えて10～15分煮込む。

5 鶏手羽元を鍋から取り出し、骨を外して、食べやすい大きさに切る。

6 器に炊いたごはんを盛りつけ、**4**の野菜と**5**を加えてよく混ぜる。

▶P25：ごはん類

スープは1食分ずつコンテナー型保存容器に入れて冷凍する。 ▶P27：スープ類

PHOTO

冬瓜の臭みをとる

冬瓜は青臭さのある食材。皮をむき、種とワタを取り除いたら、湯を沸かした鍋に入れ、竹串がスッと刺さるぐらいのやわらかさになるまで下茹でする。

材料（体重5kgの成犬・4食分）

かぶ	2個
かぶの葉	2個分
かぼちゃ	120g
鶏むね肉	280g
パプリカ	1個
豆乳	200ml
炊いたごはん	120g
水	600ml

作り方

1 かぼちゃ、かぶ、かぶの葉、鶏むね肉、パプリカは1cm角に切る。

2 鍋に水を入れて火にかけ、かぼちゃ、鶏むね肉を加えて10〜15分煮る。

3 火が通ったら、かぶ、かぶの葉、パプリカを入れてひと煮立ちさせる。

4 火を止め、豆乳を加える。**PHOTO**

5 器に炊いたごはんを盛りつけ、**4**をかけてよく混ぜる。

▶P25：ごはん類

スープは1食分ずつコンテナー型保存容器に入れて冷凍する。▶P27：スープ類

PHOTO

豆乳は火を止めてから入れる

豆乳は加熱すると凝固し、分離してしまう性質。栄養成分に変化はないが、食感が変わってしまうので、火を止めてから仕上げに加えよう。

RECIPE.08

かぶの
スープごはん

かぶを丸ごと使った野菜スープ。
食物繊維が豊富なかぼちゃと
胃腸にやさしい豆乳を加えた
おなかを労わるスープです。

栄養POINT

かぶの根には、胃もたれをやわらげる消化酵素のアミラーゼ、葉にはβ-カロテンやビタミンCが豊富。

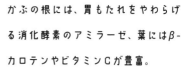

保存期間 ‖ 冷凍で1ヶ月

RECIPE.09

鶏肉の
ミネストローネ

加熱して甘みが増したトマトと
鶏肉は、相性が抜群。
食材を炒めてから煮込むことで
ビタミンAなどの吸収力がUP。

栄養POINT

ズッキーニはカリウムが豊富な野菜。
オリーブオイルと一緒に摂ることで、
吸収力が高まる β-カロテンも含む。

保存期間 ‖ 冷凍で3週間

材料（体重5kgの成犬・4食分）

鶏むね肉 ······················· 240g
ズッキーニ ······················· 1/2本
ピーマン ······························· 2個
ミニトマト ······························· 8個
えのき ························· 1/2パック
しめじ ························· 1/2パック
トマトピューレ ··················· 小さじ4
ショートパスタ（茹でたもの）········ 240g
オリーブオイル ····················· 適量
水 ···································· 600㎖

作り方

1 ズッキーニ、ピーマンはあられ切り
にする。ミニトマトはヘタを取り、
8分割に切る。えのき、しめじはみ
じん切りにする。

2 鶏むね肉はひと口大に切る。

3 フライパンにオリーブオイルを熱し、
1、**2**を入れて炒める。

4 鶏むね肉の色が変わったら、水とト
マトピューレを加えて10～15分煮
込む。

5 器に**4**とショートパスタを盛りつけ、
よく混ぜる。

▶P26：麺類

スープは1食分ずつ保存袋に入れて
冷凍する。▶P27：スープ類

ショートパスタ
のみを保存する
場合は、くっつか
ないようにオリー
ブオイルに絡め
てから保存袋に
入れて冷凍する。

材料（体重5kgの成犬・4食分）

ブロッコリー	8房
春雨	40g
鶏むね肉	200g
パプリカ	1個
しめじ	1/2パック
しょうが（薄切り）	4枚
白ごま	適宜
鶏ガラスープの素	小さじ1
炊いたごはん	160g
ごま油	適宜
水	800㎖

作り方

1 春雨は水に浸けて戻しておき、食べやすい長さに切る（P58参照）。ブロッコリーと鶏むね肉は茹で、1㎝角に切る。**PHOTO**

2 パプリカ、しめじはひと口大に切る。しょうがはみじん切りにする。

3 フライパンにごま油を熱し、**2**を炒める。火が通ったら、水と鶏ガラスープの素、春雨を加えて煮る。

4 器に炊いたごはんを盛りつけ、**3**と鶏むね肉、ブロッコリーを加える。白ごまをふり、よく混ぜる。

▶P25：ごはん類

スープは1食分ずつコンテナー型保存容器に入れて冷凍する。 ▶P27：スープ類

PHOTO

春雨は水で戻す

春雨はスープに使う場合でも、水で戻しておいたほうが食感がよい。4～5分水に浸けて戻し、しっかりと水切りする。

RECIPE.10

ブロッコリーと春雨のスープごはん

味のしみたブロッコリーと春雨のつるっとした食感がおいしいスープごはん。香ばしい白ごまをかけていただきます。

栄養POINT

ブロッコリーはビタミンCの含有量が野菜の中でトップクラス。免疫機能を高めるはたらきがある。

保存期間 ‖ 冷凍で3週間

RECIPE.11

エビとチンゲン菜の春雨スープごはん

ごま油の香りが漂う、中華風のあんかけごはん。低カロリーのエビや春雨はダイエットにも効果的です。

材料（体重5kgの成犬・4食分）

エビ（茹でたもの）	160g
チンゲン菜	1/2株
春雨	40g
にんじん	1本
しめじ	1/2パック
クルミ	20g
ごま油	適宜
炊いたごはん	160g
水	800mℓ

作り方

1 春雨は水に浸けて戻しておき（P57参照）、食べやすい長さに切る。[PHOTO]

2 エビとチンゲン菜は1cm角に切る。にんじん、しめじはせん切りにする。

3 フライパンにごま油を熱し、チンゲン菜、にんじん、しめじを炒める。

4 火が通ったら、エビ、春雨、水を加えて煮る。

5 器に炊いたごはんを盛りつけ、**4**をかける。クルミを砕いて入れ、よく混ぜる。

▶P25：ごはん類

スープは1食分ずつコンテナ型保存容器に入れて冷凍する。 ▶P27：スープ類

PHOTO

春雨は短く切ってから与えよう

春雨を戻したら、うどんやパスタと同じように調理前に食べやすい長さに切る。

栄養POINT

エビは良質なたんぱく質を含み、肝機能回復にはたらくタウリンも豊富。体を温める効果もある。

保存期間 ‖ 冷凍で3週間

ワンタンスープ ごはん

鶏ひき肉と干しエビを包んだワンタンに
野菜たっぷりのスープをかけて。
キャベツやごぼうは
お通じにもよい食材です。

材料（体重5kgの成犬・4食分）

ワンタンの皮	12枚
鶏ひき肉	200g
干しエビ	4g
Ⓐ ごぼう	1/3本
にんじん	1/5本
しょうがのしぼり汁	小さじ1
キャベツの葉	2枚
小松菜	1株
しめじ	1/2パック
ひじき	1g
炊いたごはん	120g
水	600㎖

作り方

1 キャベツはあらみじん切りに、小松菜、しめじはひと口大に切る。ひじきは水に浸して戻しておく。

2 ボウルに鶏ひき肉、干しエビを入れ、すりおろしたⒶ、しょうがのしぼり汁を加えて混ぜる。

3 **2**をワンタンの皮で包む。

4 鍋に水を入れて火にかけ、ひじき以外の**1**と**3**を10〜15分煮る。

5 器に炊いたごはんを盛りつけ、**4**とひじきを加える。ワンタンは食べやすい大きさに切り、よく混ぜる。

▶P25：ごはん類

スープは1食分ずつ保存袋に入れて冷凍する。　▶P27：スープ類

ワンタンは片栗粉をまぶしてから、1食分ずつラップで包み、保存袋に入れて冷凍する。
▶P26：おかず類

栄養POINT

ひじきはカルシウムやマグネシウムなどのミネラルが豊富な海藻。香りが強く、食欲増進にもはたらく。

保存期間 ‖ 冷凍で1ヶ月

1日に1回は歯みがきをしよう

歯は健康にとって重要な部分。毎日ケアをしてあげることが大切です。毎食後みがく必要はありませんが、1日に1回は歯みがきをしてあげましょう。犬が嫌がるからといって放置していると、重大な病気を引き起こす原因になります。

歯周病の原因は口の中の食べかす

犬は虫歯菌を持っていないため、基本的に虫歯になることはありません。しかし、口内の食べかすを放置していると細菌が繁殖し、歯茎が炎症を起こす「歯周病」になってしまいます。悪化すると、口内だけでなく全身の健康トラブルにもつながることがあるのです。それを防ぐためにもしっかりと歯みがきをして口内ケアをすることが大切になります。

口内ケアをしないと……

歯垢が溜まり歯周病になる	歯についた食べかすをそのままにしていると、細菌が繁殖して歯垢になります。歯垢が溜まると歯石へ変化し、歯肉が腫れる歯肉炎に。歯肉炎が進行すると、歯肉の組織を破壊する歯周病になります。
歯周病が悪化し歯が抜ける	歯周病が進み、歯と歯肉の間に歯石が入り込むと、歯を支えているあごの骨を溶かします。すると、本来は歯肉に隠れているはずの歯が根元まで露出してぐらつくようになり、悪化すると歯が抜け落ちてしまいます。
目鼻の周囲が炎症を起こす	歯の深部にまで細菌が入り込むと、歯の根元の近くにある目の下や鼻周りにまで炎症が広がります。皮膚の下に膿が溜まることで、ほほが大きく腫れ、悪化すると破裂して皮膚に穴が空いてしまうこともあります。
歯周病菌が臓器に入り込む	歯の根元（根尖）は血管とつながっているため、細菌が歯の最奥にまで進行すると、そこから、全身に回ってしまいます。すると臓器や骨などに感染症を引き起こし、心臓病や動脈硬化などを引き起こすこともあります。

犬の80%が歯周病に悩んでいる

犬は人間にくらべて歯垢が溜まりやすく、3歳以上の犬の80%が歯周病もしくは、そのリスクがあるといわれています。歯周病は悪化するまで症状に気がつきにくく、知らない間に進行してしまっていることもあります。日頃から歯みがきを習慣づけることが大切です。

歯みがきのやり方をチェック

近年は歯みがき用のおやつやおもちゃなど、犬のデンタルケアの商品が多く展開されています。これらを活用するのは悪いことではありませんが、しっかり汚れを落とすためには、飼い主が歯ブラシでみがいてあげることが必要です。しかし、犬の鼻や歯は敏感な部位のため、触られることを嫌がる犬がほとんど。歯ブラシの慣らし方とストレスを与えないみがき方を身につけましょう。

歯みがきが
嫌いな犬は
ここから

STEP 1 口に触れることに慣れさせる

口周りを触られることに慣れていない犬は、突然歯ブラシを口の中に入れられると、驚いたり怒ったりして暴れてしまいます。まずは手で口周りに触れることから始めましょう。

❶ 口に触れる ＞

犬の口元をつかむように短く触れる。触らせてくれたらごほうびとしておやつを与える。犬を楽しませながら、少しずつ口元に触れる時間を延ばしていく。

❷ 歯や歯茎に触れる ＞

唇をめくり、人の手が歯や歯茎に触れられることに慣れさせる。口は閉じたままでもOK。やさしく触れたら、すぐにおやつをご褒美として与える。

❸ 口の中に指を入れる

歯茎に沿って奥歯のほうへ指を入れる。少しずつ入れている時間を延ばし、慣れてきたら、歯みがきシートや濡らしたガーゼを指に巻いて歯をみがく。

STEP 2 歯ブラシに慣れさせる

口の中に指を入れることに慣れたら、次は歯ブラシに慣れさせます。まずはおもちゃとして与えて警戒心を解きましょう。犬が歯ブラシを「怖くない」と認識したら、歯ブラシを水で湿らせ、犬の口の中にやさしく入れ、前歯から奥歯へとなぞります。歯ブラシで歯に触れることが目的なので、しっかりみがけなくても大丈夫です。歯ブラシを口に入れることに抵抗しなくなったら歯みがきに挑戦です。

正しく歯を
みがけているか
チェック

STEP 3 歯みがきをして口の中を清潔に

歯をゴシゴシと強くこするのではなく、やさしく汚れを口の外にかき出すようにするのがポイントです。前歯の外側、奥歯、歯の裏側の順番にみがきましょう。

❶ 前歯の外側 ＞

上唇をめくり、歯と歯茎の間に歯ブラシをやさしくあててみがく。そのまま奥歯に向かって歯ブラシをスライドさせる。

❷ 奥歯 ＞

奥歯も前歯と同様にみがく。犬が動いて歯ブラシで口内やのどを傷つけてしまわないよう、手であごをしっかり固定する。

❸ 歯の裏側

口の中に親指を入れて、ほほをつかむように顔を固定し、口を開かせて歯の裏をみがく。指をかまれないように注意する。

RECIPE.01

ロールキャベツ

野菜を入れた肉ダネがヘルシー＆
ジューシーなロールキャベツです。
加熱したキャベツの甘みが
引き立ちます。

材料（体重5kgの成犬・4食分）

キャベツの葉	4枚
鶏ひき肉	200g
ごぼう	1/6本
にんじん	40g
しめじ	1/2パック
ひじき	8g
炊いたごはん	200g

作り方

1 鍋に水（分量外）を入れ、火にかける。沸騰したらキャベツを茹で、水気をきる。葉脈をのし棒でたたき、やわらかくする。ひじきは水（分量外）に浸して戻しておく。

2 ごぼう、にんじんはすりおろし、しめじ、ひじきはみじん切りにする。

3 ボウルに鶏ひき肉と**2**を入れて混ぜ合わせる。

4 キャベツで**3**を巻く。

5 鍋に**4**を並べ、ロールキャベツがかぶるくらいの水を入れて火にかけ、15分煮込む。

6 器に炊いたごはんと、食べやすい大きさに切ったロールキャベツを盛り、お好みで**5**の煮汁を加える。

▶P25：ごはん類

ロールキャベツは煮汁ごと、1食分ずつコンテナー型保存容器に入れて冷凍する。　▶P27：スープ類

ロールキャベツのみを保存する場合は、1個ずつラップで包み、コンテナー型保存容器に入れて冷凍する。

栄養POINT

キャベツは胃腸の調子を整えるキャベジン（ビタミンU）と、免疫力を高めるビタミンCが豊富。

保存期間 ∥ 冷凍で3週間

RECIPE.02

サケの
ちゃんちゃん
焼き風

みその豊かな風味と焼いたサケの香りが
食欲をそそる、北海道の郷土料理。
野菜もたっぷりおいしく食べられます。

材料（体重5kgの成犬・4食分）

サケの切り身（味のついていないもの）	
……………………………………4切れ	
パプリカ（赤・黄）………………計80g	
ピーマン ……………………………2個	
もやし …………………………………1袋	
炊いたごはん………………………200g	
みそ …………………………………… 8g	
サラダ油 ……………………………小さじ2	
片栗粉 ………………………………適宜	
水 …………………………………大さじ4	

作り方

1 サケの切り身を半分に切り、両面に
片栗粉を振る。

2 パプリカ、ピーマン、もやしはあら
みじん切りにする。

3 フライパンにサラダ油を熱し、**1**の
両面を焼く。焼き色がついたらフラ
イパンから取り出し、同じフライパ
ンで**2**を炒める。

4 野菜がしんなりしたら、水を加える。
沸騰したらみそを溶いて加え、**3**の
サケを入れて10分煮込む。

5 器に**4**を盛りつける。サケをほぐし、
小骨を取り除く。

6 炊いたごはんを加え、よく混ぜる。

▶P25：ごはん類

サケと野菜はまとめて、1食分ずつ保
存袋に入れて冷凍する。解凍方法はスー
プ類を参照。 ▶P27：スープ類

栄養POINT

サケはビタミンB群がそろっており、
皮の下の血合い部分にDHAやEPA
が豊富。必ず小骨を取ってから与える。

保存期間 ‖ 冷凍で2週間

CHAPTER.4 / 食べ応え十分　満足レシピ　63

RECIPE.03

ツナとトマトの
オムレツ

ツナと野菜を包んだ簡単・卵料理。
時間や材料が少ないときにも便利です。
常備できるツナ缶は使い勝手がよいので
犬に食べ慣れさせておくとGOOD。

栄養POINT

パセリはβ-カロテンなどのビタミ
ン類、ミネラル類が豊富な食材。独
特の香りは加熱することで抑えられる。

保存期間 ‖ 冷凍で3週間

材料（体重5kgの成犬・4食分）

ツナ缶（無塩）……………………80g
卵……………………………………2個
キャベツ……………………………2枚
ミニトマト…………………………4個
パセリ………………………………8g
炊いたごはん……………………240g
サラダ油…………………………適宜
水……………………………大さじ4

作り方

1 キャベツ、ミニトマト、パセリはあら
みじん切りにする。

2 ツナは熱湯をかけて水気を切り、余
分な油を落とす。

3 ボウルに卵を割りほぐし、**1**と**2**と水
を混ぜる。

4 フライパンにサラダ油を熱し、**3**を
入れて焼き、オムレツにする。

5 **4**のあら熱を取り、食べやすい大き
さに切る。

6 器に炊いたごはんを盛りつけ、**5**を
加えてよく混ぜる。

オムレツは1食
分ずつに切り分
け、温かいうち
にラップに包む。
保存袋にまと
めて入れ、冷凍
する。
▶P26：おかず類

▶P25：ごはん類

豚肉と大根の炒め煮

みそで炒めた豚ひき肉と野菜の
香ばしさが漂う逸品。
煮汁が染み込んだ野菜が
犬の食欲を引き立てます。

材料（体重5kgの成犬・4食分）

豚ひき肉……………………………200g
大根……………………………………1/5本
大根の葉………………………………1本分
にんじん……………………………1/2本
炊いたごはん………………………200g
みそ……………………………………小さじ2
しょうがのしぼり汁…………………適宜
サラダ油………………………………適宜

作り方

1 大根、大根の葉、にんじんはあられ切りにする。

2 鍋に水（分量外）を入れて火にかけ、**1**を入れ5分茹でる。茹で汁大さじ8を取っておく。

3 フライパンにサラダ油を熱し、豚ひき肉を炒める。

4 豚ひき肉の色が変わったら、しょうがのしぼり汁と**2**の茹で汁、みそを入れて、水気がなくなるまで煮込む。

5 器に炊いたごはんを盛りつけ、**2**の野菜と**4**を加え、よく混ぜる。

▶P25：ごはん類

野菜と豚ひき肉は、それぞれ1食分ずつラップに包み、保存袋に入れて冷凍する。▶P26：おかず類

栄養POINT

みそは消化吸収がされやすい。香りがよく、ほかの食材を引き立てる。塩分があるので与えすぎには注意。

保存期間 ‖ 冷凍で3週間

RECIPE.05

チキン ハンバーグの トマト煮

ハンバーグと香りのよい野菜を
トマトのうまみたっぷりの
スープで煮込んだ逸品です。

栄養POINT

トマトはリコピンやビタミン類が豊富。
生のトマトが苦手な犬には、加熱し
て甘みを出してあげるとよい。

保存期間 ‖ 冷凍で1ヶ月

材料（体重5kgの成犬・4食分）

鶏ひき肉	240g
トマトピューレ	大さじ2
パセリ	少々
Ⓐ しいたけ	3個
ひじき	16g
キャベツ	120g
Ⓑ パプリカ（赤・オレンジ）	計80g
ごぼう	1/3本
ブロッコリー	80g
ショートパスタ（茹でたもの）	200g
オリーブオイル	適宜
水	200㎖

作り方

1 ひじきは水に浸けて戻す。ブロッコリーは茹で、水気を切って1cm角に切る。

2 Ⓐはみじん切りにする。ごぼうはすりおろす。

3 Ⓑはあらみじん切りにする。

4 ボウルに鶏ひき肉と**2**を入れて混ぜ合わせる。4等分にして、平たく小判型に成形する。

5 フライパンにオリーブオイルを熱し、**4**の両面をこんがり焼く。

6 フライパンから**5**を取り出し、同じフライパンで**3**を炒める。しんなりしたらトマトピューレと水を加える。

7 沸騰したら**5**を戻して15分煮る。

8 器に茹でたショートパスタ、ブロッコリーを盛りつけ、食べやすい大きさに切った**6**を加え、よく混ぜる。

▶P26：麺類

スープは1食分ずつコンテナー型保存容器に入れて冷凍する。　▶P27：スープ類

材料（体重5kgの成犬・4食分）

じゃがいも ……………………………… 2個
豚ひき肉 ………………………………… 200g
キャベツの葉 …………………………… 2枚
にんじん ………………………………… 1/4本
パセリ …………………………………… 40g
しいたけ ………………………………… 3個
サラダ油 ………………………………… 適宜
卵 ………………………………………… 1個
小麦粉 …………………………………… 適宜
パン粉 …………………………………… 適宜

作り方

1 じゃがいもは皮をむき、ひと口大に切り、電子レンジで3分加熱し、熱いうちにつぶす。

2 キャベツ、にんじん、パセリ、しいたけはみじん切りにする。

3 フライパンにサラダ油を熱し、豚ひき肉と**2**を入れて炒める。

4 ボウルに**1**と**3**を入れ、混ぜ合わせる。6分割にしてコロッケを成形する。

5 **4**に小麦粉、溶いた卵、パン粉の順番で衣をつける。

6 フライパンにサラダ油（大さじ8程度）を入れて熱し、**5**の両面を焼く。

7 あら熱を取ったら、食べやすい大きさに切る。

コロッケは1個ずつ、温かいうちにラップに包む。保存袋にまとめて入れて冷凍する。
▶P26：おかず類

RECIPE.06

揚げない コロッケ

油分が少なく野菜たっぷりなヘルシーコロッケ。やわらかいので歯やあごが弱い犬にもおすすめ。

栄養POINT

じゃがいもに含まれるビタミンCは、でんぷんに包まれているため、加熱しても壊れにくい。

保存期間 ∥ 冷凍で3週間

RECIPE.07

ふわふわ食感の
豆腐ハンバーグ

毎日の負担を減らせる作り置き料理。
鶏ひき肉に豆腐を混ぜることで
ヘルシーでふんわりとした
やわらかい食感に仕上がります。

栄養POINT

米粉は白米と同じく良質なエネルギー源。油の吸収率が少なく、混ぜるとヘルシーな焼き上がりに。

保存期間 ‖ 冷凍で3週間

材料（体重5kgの成犬・4食分）

鶏ひき肉・・・・・・・・・・・・・・・・・・・・・・・・・・200g
絹豆腐・・・・・・・・・・・・・・・・・・・・・・・・・・1パック
小松菜・・・・・・・・・・・・・・・・・・・・・・・・・・・・・1束
にんじん・・・・・・・・・・・・・・・・・・・・・・・・・・・80g
エリンギ・・・・・・・・・・・・・・・・・・・・・・・・・・・2本
卵・・・・・・・・・・・・・・・・・・・・・・・・・・・・・・・・・4個
米粉・・・・・・・・・・・・・・・・・・・・・・・・・・・・・・80g
ごま油・・・・・・・・・・・・・・・・・・・・・・・・・・・・適宜

作り方

1 絹豆腐は水切りをする。

2 小松菜、にんじん、エリンギはみじん切りにする。

3 ボウルに**1**を入れてつぶし、鶏ひき肉を加えて混ぜ合わせる。卵、**2**を加えて混ぜ、米粉も加えてよく混ぜ合わせる。

4 フライパンにごま油を熱し、**3**をスプーンですくってフライパンに落とし、丸く広げる。 PHOTO

5 フライパンに蓋をして中火で焼く。焼き色がついたら裏返し、蓋をして弱火で5分焼く。

1食分ずつラップに包み、保存袋に入れまとめて冷凍する。
▶P26：おかず類

PHOTO

スプーンを使って成形する

ひと口大のハンバーグは、**3**で作ったタネをスプーンですくい、フライパンに落とす。スプーンの背で広げて成形し、焼いていく。

ミートローフ

特別な日に作りたい
うまみたっぷりの肉料理。
ミックスベジタブルが色鮮やかで
目にも楽しいメニューです。

材料（体重5kgの成犬・2食分）

豚ひき肉‥‥‥‥‥‥‥‥‥‥‥‥‥200g
ミックスベジタブル‥‥‥‥‥‥‥‥100g
卵‥‥‥‥‥‥‥‥‥‥‥‥‥‥‥‥‥1個
片栗粉‥‥‥‥‥‥‥‥‥‥‥‥‥‥適量
パセリ（飾り用）‥‥‥‥‥‥‥‥‥適宜
※パウンドケーキ型（60cm×125cm×45cm）

作り方

1 ボウルに豚ひき肉、ミックスベジタブル、卵、片栗粉を入れてよく混ぜ合わせる。

2 パウンドケーキ型に**1**を入れ、180℃に温めたオーブンで15分焼く。 **PHOTO**

3 冷めたらパウンドケーキ型から取り出し、食べやすい大きさに切る。

4 器に盛りつけ、パセリを添える。

1食分ずつに切り分けてラップで包み、まとめて保存袋に入れて冷凍する。
▶P26：おかず類

PHOTO

型はアルミホイルで代用できる

パウンドケーキの型がないときは、アルミホイルで代用できる。広げたアルミホイルに薄く油を塗り、**1**が中心になるようにのせたら、両端をねじって包み込む。

栄養POINT

数種類の野菜を手軽に使えるミックスベジタブル。消化の苦手な犬には少しつぶしてから入れる。

保存期間 ‖ 冷凍で1ヶ月

サンマ水煮缶の
トマト煮込み

焼くのが大変なサンマも
水煮缶なら簡単に調理できます。
トマトピューレには生トマトの
3倍のリコピンが含まれています。

材料（体重5kgの成犬・4食分）

サンマの水煮缶 ……………………………… 1缶
じゃがいも …………………………………… 1個
にんじん …………………………………… 1/2本
赤ピーマン …………………………………… 1個
ズッキーニ ………………………………… 1/2本
まいたけ …………………………………… 20g
トマトピューレ …………………………… 大さじ8
オリーブオイル …………………………… 適宜

作り方

1 じゃがいもは皮をむき、にんじん、
 赤ピーマン、ズッキーニは1cm角に
 切り、まいたけはみじん切りにする。

2 じゃがいもとにんじんを耐熱容器に
 入れてラップをかけ、電子レンジで
 1分加熱する。

3 サンマの水煮は汁を捨て、水気を切っ
 ておく。

4 フライパンにオリーブオイルを熱し、
 1と2を入れて軽く炒める。

5 4に火が通ったら、3のサンマの水煮
 を加えて、5分加熱する。

6 トマトピューレを加えて全体をよく
 混ぜ、ひと煮立ちさせる。

1食分ずつコン
テナー型保存
容器に入れて冷
凍する。解凍方
法はスープ類を
参照。

▶P27：スープ類

栄養POINT

骨ごと煮たサンマはカルシウムが豊富。
ビタミンDを含むまいたけと合わせ
るとカルシウムの吸収率がUP。

保存期間 ‖ 冷凍で3週間

材料（体重5kgの成犬・4食分）

豚もも肉	200g
小松菜	4枚
赤ピーマン	4個
昆布	2g
米粉	適宜
片栗粉	適宜
炊いたごはん	120g
リンゴ酢	小さじ4
サラダ油	適宜
水	400㎖

作り方

1 小松菜、赤ピーマンは1.5㎝に切り、昆布はハサミで細切りにする。

2 豚もも肉は1㎝角に切り、米粉を薄くまぶす。フライパンにサラダ油を熱し、豚もも肉全体を中火でまんべんなく焼く。

3 **2**に火が通ったら取り出し、同じフライパンに**1**と水を入れ、蓋をして5分煮る。

4 **2**を戻し入れ、リンゴ酢を加えてよく混ぜる。

5 弱火にし、少量の水（分量外）で溶いた片栗粉をまわし入れ、手早くかき混ぜる。

6 器に炊いたごはんと**5**を盛りつけ、全体を混ぜ合わせる。

▶P25：ごはん類

豚肉と野菜をまとめ、1食分ずつコンテナー型保存容器に入れて冷凍する。解凍方法はスープ類を参照。▶P27：スープ類

リンゴ酢の
ヘルシー酢豚

油で揚げていないからカロリーオフ。
肉、野菜、海藻を混ぜたごはんは
ダイエット中の犬も
満足度大の逸品です。

栄養POINT

リンゴ酢は、ほかの酢よりもビタミンB$_{12}$が豊富。また、血糖値を下げる酢酸も含まれている。

保存期間 ‖ 冷凍で3週間

フードボウルを選ぼう

フードボウルにはさまざまなサイズや形状、素材のものがあり、どれを選べばいいのか悩んでしまうことがあります。フードボウルは毎日の食事に使うもの。愛犬のマズルや体高などどのようなタイプが使いやすいのかチェックしてみましょう。

愛犬のマズルと体高を知ろう

犬種や個体差によって鼻の長さや体格が大きく異なります。合わないフードボウルを使い続けると、ごはんを食べにくいとストレスを感じたり、食べこぼしが多くなったりしてしまいます。また、無理な体勢を強いることで、首や背中、足腰に負担をかけてしまうこともあるのです。まずは、犬の顔の形と体格を確認しましょう。

☑ マズルの長さをチェック

マズルとは犬の鼻先から口元全体の部分のことです。マズルの長さは大きく「短頭種」「中頭種」「長頭種」の3つのタイプに分けられます。愛犬のマズルの長さがどのタイプになるのか確認しましょう。

── 短頭種 ──

マズルが短く、顔が平たい犬種。
ブルドッグやパグ、シーズーなど。

── 中頭種 ──

マズルが頭蓋骨とほぼ同じ長さの犬種。
チワワ、柴犬、ゴールデンレトリーバーなど。

── 長頭種 ──

マズルが頭蓋骨よりも長い犬種。
コリー、ダックスフント、ボルゾイなど。

☑ 体高をチェック

体高とは犬が4本足で立っているときの、背中から地面までの高さのことです。犬は頭を下げた姿勢でごはんを食べるため、フードボウルの位置が低すぎると、首や背中、足腰に負担がかかります。特に体高のある大型犬には注意が必要です。フードボウルの理想の高さは、体高のマイナス10cmです。

10cm

体高

フードボウルの形状と素材を知ろう

左ページで愛犬の特徴を把握したら、次はそれに合ったフードボウルの形状を確認しましょう。確認するべき要素は「間口」「高さ」「深さ」の3つです。また、フードボウルの素材も重要なポイントになります。それぞれのメリットとデメリットを把握したうえで、愛犬が使いやすいものを選びましょう。

間口

深さ

高さ

写真提供：LE CREUSET
商品名：ハイスタンド・ペットボール

短頭種
におすすめ

長頭種、
中頭種におすすめ

浅く間口が広いタイプ

マズルが短い犬種には、間口が広く浅めのフードボウルを選びましょう。深いタイプだと犬が頭ごとボウルの中に入れて、吸い込むように食べるためむせることがあります。ただし、手作りごはんはフードにくらべて汁気があるため、中身がこぼれにくい折り返しのあるタイプがおすすめです。

写真提供：LE CREUSET　商品名：ペットボール

深く間口が狭いタイプ

マズルが長い犬種には、間口が狭く深めのフードボウルを選びましょう。マズルに対してフードボウルの底が浅いと、鼻先がぶつかり、ごはんが食べづらくてこぼしてしまいます。また、ダックスフンドなど耳が長く垂れている犬種は、耳がボウルの中に入らない富士山型のボウルがおすすめです。

写真提供：LE CREUSET　商品名：ハイスタンド・ペットボール ディープ

素材ごとの特徴

プラスチック製

壊れにくく、軽くて持ち運びしやすいのが特徴。安価で手軽に手に入るのもポイントです。ただし、傷がつきやすいのが難点。傷から雑菌が繁殖してしまうため、かじり癖のある犬は避けたほうがよいかもしれません。

写真提供：株式会社伊勢藤
商品名：すべり止め付きペット皿

ステンレス製

軽くて丈夫な素材で犬がかじっても傷つきにくいのが特徴。ただし、勢いよくごはんを食べる犬や、大型犬の場合はひっくり返してしまうことがあります。フードボウルスタンドを使うのがおすすめです。

写真提供：株式会社プラッツ
商品名：S.P.B.スーパーペットボウル

陶器製

ほかの2種にくらべて高価ですが、傷つきにくく丈夫な素材で、耐久性にも優れています。重さがあるため、大型犬が使ってもひっくり返りにくいのが特徴。ただし、割れ物なので扱いには注意が必要です。

フードボウルの洗い方

しつこいぬめりの正体は
「バイオフィルム」？

犬用のフードボウルには、人間用食器にはない「しつこいぬめり」があります。このぬめりの正体は、「バイオフィルム」という雑菌の作った膜。犬は舌を直接フードボウルにつけてごはんを食べるうえに、雑菌が繁殖しやすいアルカリ性の唾液のため、バイオフィルムができやすいのです。さらに、人間用食器洗剤は中性のため、アルカリ性のバイオフィルムにはあまり効果がなく、ぬめりが落ちにくいので、やっかいです。バイオフィルムをしっかり洗い落とすために3つのポイントを押さえましょう。

❶ ぬめりを乾いた布やティッシュでふき取る。

バイオフィルムは水に濡らすと落ちにくくなるため、あらかじめ乾いた布やティッシュなどでふき取る。

❷ 酸性の液体を使う

アルカリ性に強い酸性の液体を使って洗う。犬用食器洗剤のほか、酢やクエン酸でも効果がある。

❸ 犬用食器専用のスポンジを使う

専用のスポンジは特殊な繊維でできており、バイオフィルムを壊し、ぬめりを取り除くことができる。

RECIPE.01

卵とじごはん
（肝臓病予防）

小松菜やトマトなどの緑黄色野菜には
抗酸化作用のあるβ-カロテンが含まれ
肝臓のはたらきを助けます。

材料（体重5kgの成犬・4食分）

卵	4個
小松菜	1株
ミニトマト	8個
炊いたごはん	120g
カツオ節	4g
水	320mℓ

作り方

1 小松菜は1cmの長さ、ミニトマトは4等分に切る。

2 鍋に水を入れ、**1**とカツオ節を加えて5分煮る。**PHOTO**

3 割りほぐした卵を少しずつまわし入れ、ひと煮立ちさせる。

4 器に炊いたごはんを盛りつけ、**3**を入れて全体をよく混ぜる。

▶P25：ごはん類

具材は1食分ずつ保存袋に入れて
冷凍する。　　　▶P27：スープ類

PHOTO

カツオ節を煮込んでだしをとる

カツオ節の風味は犬も大好き。材料と一緒に水から煮込むことで、水出しにくらべてより濃いだしをとることができる。

🐕 健康POINT

卵は完全栄養食品と呼ばれるスーパーフード。肝臓の再生に必要な良質なたんぱく質を摂ることができる。

保存期間 ‖ 冷凍で3週間

材料（体重5kgの成犬・4食分）

ベビーホタテ ··································· 80g
大葉 ··· 8枚
にんじん ··································· 1/4本
Ⓐ ┌ 卵 ··· 2個
 │ 米粉 ····································· 10g
 │ 片栗粉 ·································· 50g
 │ すりごま ······················· 大さじ2
 └ 水 ····································· 120㎖
ごま油 ··· 適宜

作り方

1 ベビーホタテは1cm角に切り、大葉、にんじんはせん切りにする。

2 ボウルにⒶを入れて混ぜ、さらに**1**を加えて混ぜ合わせる。

3 フライパンにごま油を薄く敷き、**2**の両面を焼く。

4 食べやすい大きさに切り、器に盛りつける。

1食分ずつラップに包み、まとめて保存袋に入れて冷凍する。
▶P26：おかず類

食べるときは、自然解凍後にフライパン、もしくはオーブントースターで表面を軽く焼く。

RECIPE.02

ベビーホタテの
チヂミ
（肝臓病予防）

もっちりとした食感のチヂミ。
ホタテは脂質が少なく、
肝臓のケアをする成分があります。

健康POINT

ホタテには肝臓を解毒し、コレステロールを下げるタウリンが豊富。うまみ成分もあり、食欲もUP。

保存期間 ‖ 冷凍で1ヶ月

RECIPE.03

イワシのつみれの
スープリゾット

（腎臓病予防）

血液をきれいにするイワシに
植物性たんぱく質と食物繊維が豊富な
大豆を合わせたデトックスレシピ。

材 料（体重5kgの成犬・4食分）

イワシのすり身	80g
大豆の水煮	80g
カットトマトの缶詰	80g
キャベツの葉	2枚
にんじん	1/2本
セロリ	40g
炊いたごはん	160g
水	400㎖
オリーブオイル	大さじ4
小麦粉	適宜
ニンニク	ひとかけ
パルメザンチーズ	大さじ1

作り方

1 ボウルにイワシのすり身を入れ、小麦粉をつなぎにし、小さじ1程度の大きさに丸め、つみれを成形する。

2 キャベツ、にんじん、セロリはあらみじん切りにする。

3 鍋にオリーブオイルを熱し、きざんだニンニクを炒める。**2**を入れて野菜がしんなりするまで炒める。

4 **3**の鍋に水を入れ、大豆の水煮、カットトマト、つみれを入れて5分煮込む。

5 炊いたごはんを入れ、ひと煮立ちさせる。

6 器に盛りつけ、パルメザンチーズを振る。

▶P25：ごはん類

スープは1食分ずつコンテナー型保存容器に入れて冷凍する。　▶P27：スープ類

🐕 健康POINT

イワシは血液をサラサラにするEPAとDHAが豊富。また、イワシペプチドには腎機能を強化する作用がある。

保存期間 ‖ 冷凍で2週間

RECIPE.04

野菜とカツオの スープごはん
（腎臓病予防）

良質なたんぱく源であるカツオは
腎臓への負担が少ない優良食品。
たっぷりの野菜と一緒にいただきます。

材料（体重5kgの成犬・4食分）

カツオ	80g
小松菜	1/2株
にんじん	1/2本
パプリカ（赤・黄）	計80g
長いも	1/5本
ひじき	12g
炊いたごはん	160g
卵	1個
しょうが	少々
ごま油	適宜

作り方

1 小松菜、にんじん、パプリカは茹で、1cm幅に切る。長いもは皮をむき、すりおろす。ひじきは水に浸して戻す。

2 フライパンに油（分量外）を熱し、割りほぐした卵を入れて炒める。

3 しょうがはみじん切りにする。カツオは1.5cm角に切って鍋に入れ、ひたひたになるまで水（分量外）を入れて火にかける。しょうがを入れ、アクを取りながら弱火で10分煮込む。

4 鍋からカツオを取り出し、あら熱を取る。煮汁を40ml取っておく。

5 器に炊いたごはんを盛りつけ、具材をすべて入れ、4の煮汁を加える。ごま油をまわしかけ、よく混ぜる。

▶P25：ごはん類

スープは1食分ずつ保存袋に入れて
冷凍する。　▶P27：スープ類

健康POINT

カツオに含まれるオメガ3脂肪酸には、コレステロールの低下作用や抗炎症作用があり、腎臓の炎症を抑える。

保存期間 ‖ 冷凍で1ヶ月

蒸しサケの
あんかけ
（心臓病予防）

血管のつまりを防ぐサケとコーンを
使った一品。あんかけなので、
野菜が苦手な犬も食べやすいです。

🐕 健康POINT

サケには血圧を抑えるタウリン、コーンにはルテインとゼアキサンチンが含まれ、動脈の肥大を防ぐ効果がある。

保存期間 ‖ 冷凍で3週間

材料（体重5kgの成犬・4食分）

サケの切り身(味のついていないもの)…2切れ
コーンの缶詰……………………………20g
ブロッコリー……………………………3房
しめじ………………………………………8g
水溶き片栗粉…片栗粉小さじ2＋水小さじ4
水……………………………………………120㎖

作り方

1 サケはひと口大に切り、電子レンジで5分加熱する。

2 ブロッコリーは耐熱皿にのせて、水（分量外）をまわしかけ、ラップをかけて電子レンジで1分加熱する。

3 2、しめじはひと口大に切る。

4 鍋に水を入れて火にかける。沸騰したら、3とコーンを入れて5分煮る。

5 しめじに火が通ったら、水溶き片栗粉を入れ、とろみをつける。 PHOTO

6 器に1を盛りつけ、5をまわしかける。

❄ 1食分ずつコンテナー型保存容器に入れて冷凍する。解凍方法はスープ類を参照。
▶P27：スープ類

PHOTO

あんは料理全体によく絡める

とろみのあるあんは、犬が食べやすいように料理にしっかり絡める。また、全体をよく絡めておけば、冷凍ムラを防げる。

材料 (体重5kgの成犬・4食分)

サバ (味のついていないもの)	1切れ
ズッキーニ	1/4本
トマト	160g
なす	1/2本
パプリカ (赤・黄)	計20g
ピーマン	20g
しいたけ	1個
オリーブオイル	適宜

作り方

1 ズッキーニ、トマト、なす、パプリカ、ピーマン、しいたけは1cm角に切る。

2 フライパンにオリーブオイルを熱し、中火でサバの両面を焼く。

3 フライパンからサバを取り出し、同じフライパンでズッキーニ、なすを炒める。

4 3にパプリカ、ピーマン、しいたけ、トマトを加え、蓋をして、弱火で10分蒸す。水気が足りない場合は水 (分量外) を加える。

5 サバの身をほぐし、小骨を取り除く。

6 4に火が通ったら火を止め、5を加えて混ぜ合わせる。

1食分ずつコンテナー型保存容器に入れて冷凍する。解凍方法はスープ類を参照。
▶P27：スープ類

サバの
ラタトゥイユ
(心臓病予防)

野菜を炒め煮にして作るフランスの家庭料理。オメガ3脂肪酸がたっぷりのサバを加えました。

健康POINT

サバは動脈硬化、高血圧の予防に効果のある不飽和脂肪酸の含有量が、青魚の中でもトップレベル。

保存期間 ‖ 冷凍で3週間

RECIPE.07

マグロの汁かけごはん
（消化器疾患予防）

脂肪分の少ないマグロの赤身と
食物繊維たっぷりの野菜が
おなかにやさしいおじやです。

🐕 健康POINT

脂肪分が少ないマグロと、消化酵素を含む大根は、消化器系の調子が優れないときにおすすめの食材。

保存期間 ‖ 冷凍で1ヶ月

材 料（体重5kgの成犬・4食分）

マグロ（赤身）	200g
大根	80g
ほうれん草	1/5束
しいたけ	4個
炊いたごはん	80g
水	400㎖
焼きのり	適宜

作り方

1 マグロはひと口大に切り、ほうれん草、しいたけは1㎝角に切る。大根はすりおろす。

2 鍋に水を入れて火にかけ、**1**を入れて5分煮る。

3 器に炊いたごはんを盛りつけ、**2**を加えてよく混ぜる。焼きのりをちぎってかける。**PHOTO**

▶P25：ごはん類

スープは1食分ずつコンテナー型保存容器に入れて冷凍する。▶P27：スープ類

PHOTO

焼きのりはきざんでから与えよう

のりはミネラルが豊富な健康食材。しかし、そのまま与えると犬ののどにはりついてしまうことがあるので、短く切ってから与えよう。

タラと豆腐の卵とじ
（消化器疾患予防）

タラ、豆腐、卵と栄養があり、
消化吸収力の高い食材で作ったレシピ。
胃腸が弱ったときに便利な作り置きです。

材料（体重5kgの成犬・4食分）

タラ（味のついていないもの）………2切れ
豆腐……………………………………40g
卵………………………………………2個
にんじん……………………………1/5本
水…………………………………400ml

作り方

1 タラと豆腐はひと口大に切る。にんじんは細切りにする。

2 鍋に水を入れて火にかけ、にんじんを入れて煮る。

3 沸騰したらタラ、豆腐を入れて5分煮る。

4 卵を割りほぐし、まわしかけてひと煮立ちさせる。**PHOTO**

1食分ずつ保存袋に入れて冷凍する。
▶P27：スープ類

PHOTO

卵はしっかり火を通す

卵を半熟状態で冷凍してしまうと、解凍するときに水分が抜けてボソボソになってしまう。しっかり固まるまで火を通すようにしよう。

健康POINT

豆腐は栄養バランスに優れているうえ、たんぱく質の消化吸収率が約95%で胃腸にやさしい食材。

保存期間 ‖ 冷凍で3週間

RECIPE.09

すき焼き風 牛ひき肉丼
（肥満改善）

カロリーが控え目な豆腐と野菜に
牛肉のうまみを加えることで
無理なくダイエットできる一品。

健康POINT

こんにゃくは低カロリーで腹持ちが
よく、食物繊維が豊富。腸内環境を
整え、排便を促進する。

保存期間 ∥ 冷凍で3週間

材料（体重5kgの成犬・4食分）

牛ひき肉	80ｇ
豆腐	1/3パック
糸こんにゃく	80ｇ
いんげん	40ｇ
ごぼう	1/2本
にんじん	1/2本
しいたけ	3個
カツオだし	小さじ1
しょうゆ	小さじ1
炊いたごはん	80ｇ
紅しょうが	ひとつまみ
サラダ油	適宜
水	600㎖

作り方

1 いんげん、ごぼう、にんじん、しいたけはあらみじん切りにする。

2 豆腐は小口切りにし、糸こんにゃくは1cmの長さに切る。紅しょうがはきざむ。

3 フライパンにサラダ油を熱し、牛ひき肉を炒める。

4 牛ひき肉の色が変わったら、**1**を加えて炒める。

5 水、カツオだし、しょうゆを加えて10分煮る。

6 豆腐、糸こんにゃくを加え、10分煮る。

7 器に炊いたごはんを盛り、**6**を加える。紅しょうがをのせ、よく混ぜる。

▶P25：ごはん類

具材は1食分ずつコンテナー型保存容器に入れて冷凍する。　▶P27：スープ類

材料（体重5kgの成犬・4食分）

鶏ひき肉‥‥‥‥‥‥‥‥‥‥‥‥320 g
レンコン‥‥‥‥‥‥‥‥‥‥‥‥‥1節
まいたけ‥‥‥‥‥‥‥‥‥‥‥1/2パック
卵‥‥‥‥‥‥‥‥‥‥‥‥‥‥‥1/2個
おからパウダー‥‥‥‥‥‥‥‥‥大さじ4
ごま油‥‥‥‥‥‥‥‥‥‥‥‥‥‥適宜

作り方

1 レンコンは1/2をすりおろし、残り
はみじん切りにする。まいたけは1
㎝角に切る。

2 ボウルに鶏ひき肉、**1**、おからパウダー
を入れ、卵を割りほぐして混ぜ合わ
せる。

3 **2**をひと口大に丸め、ミートボール
を成形する。

4 フライパンにごま油を熱し、**3**を入
れて転がしながら、全体をこんがり
と焼く。

1食分ずつラップに包み、保存袋にまとめて入れて冷凍する。
▶P26：おかず類

RECIPE.10

レンコンときのこの
ミートボール
（肥満改善）

すりおろしたレンコンを使い、
ふんわり食感に仕上げたメニュー。
低カロリーながらも食べ応え十分。

健康POINT

レンコンは食物繊維が豊富で、胃腸
を整え排便を促進する。また、加熱
しても壊れにくいビタミンCが豊富。

保存期間 ‖ 冷凍で3週間

食材ストック術

冷凍テクニックは、料理だけでなく食材の保存にも役立ちます。下ごしらえをした食材を小分けに冷凍保存してストックしておくことで、毎日のごはん作りを時短することができるのです。食材ごとの冷凍テクニックを確認しましょう。

※冷凍保存した食材で調理したものを、再び冷凍することは控えてください。

肉類

肉は生のままでも冷凍できますが、茹でてから冷凍するのがおすすめです。
下茹ですることで保存期間が長くなるほか、調理時間も短縮できます。

肉は茹でて冷凍

肉はしっかりと中まで火を通したら、ひと口大に切り、保存袋に入れて冷凍しましょう。また、肉の茹で汁には犬の食欲をそそる効果があるため、料理の香りづけにも使えます。捨てずに製氷皿で冷凍し、ストックしておきましょう。

魚類

魚は生のまま冷凍する場合と、茹でてペースト状にして冷凍する方法があります。
ペースト状にした魚の身は、肉団子のタネとして利用することができます。

生のまま冷凍

魚の切り身は小骨を取り除き、水気を取ったらひとつずつラップで包み、身が重ならないように平らに保存袋に入れて冷凍します。

ペースト状で保存

魚を茹でてからフードプロセッサーにかけ、骨ごとペースト状にします。小骨を取り除く手間を短縮でき、カルシウムを摂ることができます。

野菜類

野菜類は水で洗ったら、キッチンペーパーでしっかりと水気を取り、1cm角、もしくは1cm幅にカットします。きのこ類は石づきを取ったら、手で割りほぐしましょう。

生のまま冷凍

カットした野菜を保存袋に入れたら平らにならして冷凍します。金属製のトレイの上に並べて冷凍庫に入れると、冷気が早く伝わり、急速冷凍することができます。使用するときは、凍った状態のまま調理してOKです。

おすすめ野菜

かぶ、キャベツ、小松菜、白菜、さつまいも、春菊、パプリカ、ピーマン、きのこ類、など

茹でてから冷凍

ほうれん草やいんげん、ブロッコリーなどの緑色の野菜はアクが強いため、必ず下茹でしてから冷凍しましょう。また、大根やにんじんなどのかたい根菜類も、下茹でしてから冷凍すると、調理時間を短縮することができます。

おすすめ野菜

アスパラ、いんげん、かぼちゃ、ごぼう、大根、ほうれん草、にんじん、ブロッコリー、レンコン、など

 ### 豆腐

豆腐は冷凍すると、なめらかさがなくなり、高野豆腐のようなかたい食感に変わります。使用するときには、凍ったままの状態で、スープや煮込み料理などに入れましょう。

 ### ホールトマト

使いかけのホールトマトなどの缶詰類も冷凍保存が可能です。缶から保存袋に移して、平らにならして冷凍します。使用するときは冷蔵庫に移して自然解凍しておきましょう。

 ### 卵

卵は炒り卵にした状態で冷凍することができます。半熟だと冷凍したときに水分が凍ってスカスカになるためしっかり加熱を。使用するときは自然解凍しておきましょう。

 ### パン

ごはん類や麺類と同様にパンも冷凍が可能です。ひとつずつラップで包み、保存袋に入れ、しっかりと空気を抜いて冷凍します。自然解凍かオーブンで加熱して解凍します。

イチゴのムース

豆腐を使ったヘルシーなデザート。水分も摂取もでき、暑い日にピッタリです。なめらかな食感ですが、冷凍することでシャリッとしたシャーベット状に。

🐕 栄養POINT

豆腐は大豆の栄養素を摂取できる、低カロリーでヘルシーな食材。くせもなく、クリームの代用としても使える。

保存期間 ‖ 冷凍で1ヶ月

材料（体重5kgの成犬・4食分）

イチゴ………………………………………10個
飾りつけ用のイチゴ…………………………1個
絹豆腐……………………………………1パック
はちみつ………………………………………適宜
本葛……………………………………小さじ2
粉寒天…………………………………小さじ4
お湯……………………………………80㎖

作り方

1 イチゴ10個をつぶし、果汁と合わせる。

2 ボウルに絹豆腐を入れ、ヘラでつぶしてクリーム状にする。

3 2にはちみつを入れ、よく混ぜ合わせる。1を加え、さらに混ぜ合わせる。

4 別のボウルに本葛と粉寒天を入れ、お湯で溶かす。3に加えて素早く混ぜ合わせる。

5 飾りつけ用のイチゴはひと口大に切る。

6 4を器に盛りつけ、5を散らす。冷蔵庫で2時間冷やす。

❄

冷凍可能なシリコン型や製氷皿など、好みの容器に入れて冷凍する。冷凍したムースは食感が変わり、シャーベット状になる。

PHOTO

イチゴはポリ袋に入れてつぶす

イチゴは清潔なポリ袋に入れ、押しもむようにすると、簡単につぶすことができる。手を汚さずに済み、洗い物も増えないので便利。

材料（体重5kgの成犬・8食分）

ホットケーキミックス（アルミフリー）
※肥満が気になる場合は砂糖不要のもの
……………………………………… 120g
きな粉 ……………………………… 大さじ4
卵 …………………………………… 4個
バター（無塩）…………………………… 40g
牛乳 ……………………………………… 40ml
※シリコン型

作り方

1 バターは電子レンジで30秒加熱して溶かし、ボウルに入れる。牛乳、割りほぐした卵の順に加えて混ぜ合わせる。

2 1にホットケーキミックス、きな粉を加え、混ぜ合わせる。

3 2をシリコン型に入れ、底を数回たたいて空気を抜く。**PHOTO**

4 3にラップをふんわりとかけ、電子レンジで5分加熱する。

5 竹串を刺し、中まで火が通っているのを確認したら、シリコン型から取り出す。

1個ずつラップに包み、保存袋に入れて冷凍する。食べるときは自然解凍後に、電子レンジで20秒加熱する。

PHOTO

好きなシリコン型を使おう

100円ショップなどで安価で手に入るシリコン型。一度に複数個作れるタイプは、作り置きに便利。電子レンジ対応のものを選ぼう。

RECIPE.02

きな粉の
カップケーキ

電子レンジで簡単に作れる
素朴な風味のおやつです。
お好みの食材でアレンジ可能なので
犬の好みに合わせてOK。

栄養POINT

大豆が原材料のきな粉は、良質なたんぱく質、ビタミン類、カルシウム、葉酸など栄養素の宝庫。

保存期間 ‖ 冷凍で3週間

梨の
コンポートゼリー

夏～秋が旬の梨は乾燥しがちな
時期に水分摂取できる果物。
凍らせてシャーベットにしても
おいしくいただけるデザートです。

材料（体重5kgの成犬・4食分）

梨	2/3 個
乾燥ナツメ	2 個
はちみつ	適宜
水溶き粉寒天	粉寒天小さじ2+水50㎖
水	200㎖

作り方

1 梨はみじん切りにする。乾燥ナツメは水（分量外）に浸して戻し、みじん切りにする。

2 鍋に水を入れて火にかけ、**1**とはちみつを入れる。

3 沸騰したら弱火にし、水溶き粉寒天をまわし入れる。

4 全体がトロトロになるまで、素早くしっかりとかき混ぜる。

5 冷めないうちにシリコン型に入れて冷蔵庫で1時間冷やす。

ゼリー状にかたまったらシリコン型から取り外し、1食分ずつラップで包み、保存袋に入れて冷凍する。食べるときは、自然解凍でやわらかくする。

半解凍の状態ですりおろすと、シャーベットのような食感になる。

栄養POINT

梨の甘み成分のソルビトールは、のどの炎症を抑える作用がある。暑い夏や、乾燥が始まる秋におすすめの果物。

保存期間 ‖ 冷凍で1ヶ月

RECIPE.04

ツナと
かぼちゃのパイ

オーブンではなくグリルで焼く
甘いかぼちゃのおやつ。
パイシートとジャガイモフレークで
簡単に作ることができます。

材料（体重5kgの成犬・4食分）

かぼちゃ	200g
ツナ缶（無塩）	1缶
じゃがいもフレーク	大さじ8
卵黄	1個分
パイシート	1枚

作り方

1 かぼちゃは皮をむき、ひと口大に切る。電子レンジで4分加熱してやわらかくする。

2 ボウルに**1**を入れてつぶす。ツナ、じゃがいもフレークを加え、よく混ぜ合わせる。

3 パイシートを4等分に切る。切り分けた2枚に**2**をそれぞれのせる。

4 **3**の上に残りの2枚のシートをのせ、包むように縁をとじる。表面に卵黄を塗る。

5 両面グリルにアルミホイルを敷き、**4**を置く。弱火で5分焼き、余熱で火を通す。

形が崩れないように、食べやすい大きさに切る。1食分ずつラップに包み、保存袋に入れて冷凍する。

食べるときは自然解凍後、ラップを外してオーブントースターで30秒温める。

栄養POINT

かぼちゃは熱に強いビタミンCが豊富。たんぱく質と一緒に摂ることで免疫力が高まる。

保存期間 ‖ 冷凍で3週間

RECIPE.05

チーズポテト

表面をカリカリに焼いた
スナック感覚のおやつ。
こんがりチーズの香りが
食欲をそそります。

栄養POINT

チーズはカルシウムが豊富な食材。
犬が好む動物性脂肪だが、カロリー
が高いので、与えすぎには注意を。

保存期間 ‖ 冷凍で1ヶ月

材料（体重5kgの成犬・4食分）

じゃがいも ································· 2個
パルメザンチーズ ·················· 大さじ3
※ポリ袋 [電子レンジ加熱可]

作り方

1 じゃがいもは皮をむき、ひと口大に切る。

2 ポリ袋に入れ、袋の口は開けたまま、電子レンジで6分加熱する。

3 **2**のポリ袋の中にパルメザンチーズを入れる。

4 袋の口を閉め、タオルで袋を包む。タオルの上から保存袋をもみ、じゃがいもをつぶす。

5 オーブン皿にクッキングシートを敷き、**4**をひと口大に丸めて並べる。

6 トースターで5〜10分焼く。

まとめてコンテナー型保存容器に入れて冷凍する。

食べるときはコンテナー型保存容器から1食分を取り出し、自然解凍する。お好みで電子レンジで温めてもよい。

アップル コンポート

リンゴを煮るだけで作れる簡単おやつ。
煮汁も一緒に与えれば水分補給も
バッチリです。冷凍することで
シャーベットにも変身します。

材料（体重5kgの成犬・4食分）

リンゴ	1個
オリゴ糖	大さじ1
酢	小さじ1/4
水	200ml

作り方

1 リンゴは4等分にし、芯を切り取って皮をむく。

2 1を、さらに食べやすい薄さに切る。

3 鍋に水、オリゴ糖、酢を入れ、火にかける。オリゴ糖がまんべんなく混ざったら火を止める。

4 リンゴを重ならないように並べ、落とし蓋をして中火にかける。

5 煮立ったら弱火にして5分煮る。リンゴを返し、さらに5分煮る。

6 竹串がすっと刺さるくらいに煮えたら、30分浸け置きし、味をなじませる。

1食分ずつ煮汁ごとコンテナー型保存容器に入れて冷凍する。食べるときは自然解凍する。

ミキサーで撹拌してから冷凍すると、シャーベット状のデザートになる。

栄養POINT

リンゴは、ビタミンCやカリウム、食物繊維が豊富。加熱調理することで、長く保存できる。

保存期間 ‖ 冷凍で1ヶ月

病気とまではいかないけれど、目ヤニやフケが多いとか、

下痢や便秘、皮膚の炎症といった

小さな不調を抱えている犬は、そう少なくはないでしょう。

ときには、市販のフードが体質に合わず、

アレルギー反応が出てしまう犬もいます。

そういうときに、薬やサプリに頼るだけでは不十分。

一時的に症状が改善されても、根本を解決しなければ

再発してしまうことがあります。

大切なのは不調の原因を取り除くことと、

丈夫な体を作ること。

その手助けをしてくれるのは、手作りごはんです。

健康な体は日々の生活によって作られます。

しかし、神経質になってもいけません。

犬も人間も無理なく楽しい食事が、

健康に一番よいのです。

健康は毎日の積み重ね

気軽に手軽が
長く続けるためのコツ

レシピ提供者のみなさま

『作り置きで簡単！ 犬の健康ごはん』に掲載されているレシピは、
ペット食育協会（APNA）が認定した、
ペット食育指導士のみなさまからご提供いただきました。

阿部弘子

ペット食育協会®認定上級指導士。薬膳講師。ペットの食育講座を定期的に開催している。ペットと飼い主が一緒に楽しめるおやつショップ「アッサンブラージュ」を運営。

アッサンブラージュ
https://www.facebook.com/assemblage.nagano

上住裕子

ペット食育協会®認定上級指導士。国際中医薬膳師でもあり、ペットだけでなく飼い主の栄養にも精通。「簡単！ 美味しい！ 楽しい！」をモットーに、ペットの食育講座を開催。

犬ごはんレッスンとバイオレゾナンス☆幸せのテーブル
http://blog.livedoor.jp/gohanlesson/

河村昌美

ペット食育協会®認定上級指導士。ペット栄養管理士。「手作りごはんは、手軽に簡単に」をモットーに、料理が苦手な方や時間がない方でも作れるレシピを紹介している。

ひなたのひまわり
http://ameblo.jp/chu-u/

こばやし裕子

ペット食育協会®認定上級指導士。大阪や京都で食育講座を開催。自ら悩んだことやたくさんの飼い主の悩みを聞いてきた体験を交え、気持ちが楽になる食事作りを提案している。

Smile de うちワンごはん
http://ameblo.jp/singkenkenyuyu/

高岡まちこ

ペット食育協会®認定上級指導士。犬の誕生から老衰までの世話を、食事を含めて提案。ペットの食事に悩みを持つ飼い主のため、食育講座やSNSを通じて情報を発信。

チワワ～ズと手作り犬ごはんブログ
https://ameblo.jp/andy-heidi/

安藤愛

ペット食育協会®認定上級指導士。犬の手作りごはんを製造販売するブランド「Seaside Rose」を運営。著書に『おひとりさまとローズ一家』（主婦の友社）がある。

Seaside Rose
https://seasiderose.jp

監修者

須﨑恭彦
（ペット食育協会会長／須﨑動物病院院長）

獣医師。獣医学博士。ペットアカデミー主催。1969年生まれ。「薬に頼らないで体質改善」をキャッチフレーズに、食事療法やデトックス、ペットマッサージなどで体質改善、自然治癒力を高める医療を実践。症状の根本的な原因を探り、それぞれの犬に合った方法で改善を目指す。

須﨑動物病院
http://www.susaki.com

TEL: 042-629-3424
平日（祝祭日を除く）
10:00～13:00、15:00～17:30
FAX: 042-629-2690
※病院での診察、電話相談ともに予約制です。

かとうゆうこ

ペット食育協会®認定上級指導士。ペット栄養管理士。名古屋を中心に食育講座のほか、ペットと飼い主のための料理教室、タッチケア、アロマなどのホームケア講座も開催。

ペットに手作り食倶楽部
https://www.facebook.com/folma

関口清美

ペット食育協会®認定上級指導士。調理師。ペット（犬）と泊まれる天然温泉宿「アップルシード」を経営。犬向けの手作りディナーやバースデイケーキ、おやつなどを日々開発。

アップルシード
http://appleseed.red

板東聖子

ペット食育協会®認定上級指導士。「人も動物も、食べたもので体は作られる」をモットーに、ペットの食事に関する講座の開催や、地元食材の紹介、レシピ開発などを行う。

こーぎーらへん
https://corgi-lachen.com/

藤根悦子

ペット食育協会®認定上級指導士。ペット栄養管理士。薬膳インストラクターの資格を持ち、現代栄養学と薬膳を統合した、身体にやさしい手作り食のアドバイスを提供。

犬めし亭
http://www.inumeshitei.jp/

山本裕一

ペット食育協会®認定上級指導士。ペットフード工房「いぬ国屋」を運営。「愛犬が健康で長生きするための美味しい食事」を目指し無添加フードを製造。食育講座を定期開催。

ペットフード工房いぬ国屋
http://rosecafe-pet.com/

ペット食育協会について

「ペット食育協会®（Alternative Pet Nutrition Association；APNA）」は、「流派にとらわれずにペットの栄養学や食に関する知識を学び、ペットの食事内容を飼い主が自信を持って選択できる判断力を身につけるために必要な情報の普及」と、日本の食文化の発展に寄与することを目的に2008年（平成20年）1月15日に設立されました。

〒193-0833　東京都八王子めじろ台2-1-1
京王めじろマンションA棟310号室
TEL：042-629-2688
http://www.apna.jp

STAFF

編集	伏嶋夏希(マイナビ出版)
	川島彩生、市道詩帆(スタジオポルト)
デザイン	田山円佳、舟久保さやか(スタジオダンク)
撮影	三輪友紀(スタジオダンク)
フードスタイリング	木村 遥、福田みなみ、関沢愛美
イラスト	髙安恭ノ介
協力	旭化成ホームプロダクツ株式会社

時短でおいしい、
ワンコも飼い主もHAPPYな健康生活

作り置きで簡単!
犬の健康ごはん

2021年 1 月22日　初版第1刷発行
2023年 4 月31日　初版第4刷発行

監修	須﨑恭彦　獣医学博士／須﨑動物病院院長
発行者	角竹輝紀
発行所	株式会社マイナビ出版
	〒101-0003
	東京都千代田区一ツ橋2-6-3　一ツ橋ビル2F
	Tel. 0480-38-6872(注文専用ダイヤル)
	Tel. 03-3556-2731(販売部)
	Tel. 03-3556-2735(編集部)
	E-mail：pc-books@mynavi.jp
	URL：https://book.mynavi.jp
校正	株式会社鷗来堂
印刷・製本	シナノ印刷株式会社